国家中等职业教育改革发展示范学校重点建设专业精品课程教材

三维动画制作企业案例教程——Maya 2013 三维绑定与动画

主　编　王　璐

副主编　滕文学　门　跃

参　编　纪晓远　王松杰

　　　　吴　杰　张振华

机械工业出版社

本书有很多项目范例是以北京若森数字科技有限公司制作的《侠岚》动画片中的部分片段为素材进行设计的，如《侠岚》主要角色辗迟的绑定和表情控制；场景中的石块下落、花草下落运动；角色的转身、走、跑、跳跃运动等，这些范例都具有很强的实战性和参考性。通过对经典项目的讲解，详细、透彻地剖析了 Maya 软件中绑定与动画制作的应用技术。每个项目的讲解都是以项目描述、项目分析、知识准备、项目实施、项目小结和实践演练 6 个部分来划分，层次分明、步骤清晰，同时融入了企业项目制作流程，使内容更加详实。通过本书的学习，能使读者在最短的时间内快速掌握必要的制作技能，充分了解并掌握 Maya 软件中绑定与动画制作的各项命令及功能。全书共设置 12 个项目，51 个实例任务。这 51 个实例任务在三维动画制作中使用频率较高，极具参考价值，非常值得读者深入学习。本书可作为各类职业学校计算机及相关专业的教材，也可作为平面设计爱好者的自学用书。

　　本书配有电子课件，读者可以登录机械工业出版社教材服务网站（www.cmpedu.com）免费注册下载，或联系编辑（010-88379194）咨询。

图书在版编目（CIP）数据

三维动画制作企业案例教程： Maya 2013 三维绑定与

动画 / 王璐主编. —北京：机械工业出版社，2015.3（2016.11 重印）

国家中等职业教育改革发展示范学校重点建设专业精品课程教材

ISBN 978-7-111-49456-0

Ⅰ. ①三… Ⅱ. ①王… Ⅲ. ①三维动画软件－中等专

业学校－教材 Ⅳ.①TP391.41

中国版本图书馆 CIP 数据核字（2015）第 037616 号

机械工业出版社（北京市百万庄大街 22 号　邮政编码 1000 7）

策划编辑：梁 伟　　责任编辑：秦 成　陈瑞文
封面设计：赵颖喆　　责任印制：乔 宇　责任校对：李 丹

北京天时彩色印刷有限公司印刷

2016 年 11 月第 1 版第 2 次印刷

184mm×260mm · 16.25 印张 · 359 千字

1001－2000 册

标准书号：ISBN 978-7-111-49456-0

定价：38.00 元

凡购本书，如有缺页、倒页、脱页，由本社发行部调换

电话服务　　　　　　　　　　　　　　　网络服务

服务咨询热线：（010）88379833　　　　机工官网：www.cmpbook.com

读者购书热线：（010）88379649　　　　机工官博：weibo.com/cmp1952

封面无防伪标均为盗版

教育服务网：www.cmpedu.com

金书网：www.golden-book.com

前　言

本书是国家中等职业教育改革发展示范学校重点建设专业精品课程教材。每个项目除了基本操作和参数介绍外，还有针对性的实例任务，以此帮助学生深入学习 Maya 软件中绑定与动画模块各部分的功能。

本书的教学范围主要针对目前比较主流的三维动画制作软件 Maya，其主要内容包括道具模型 Setup、角色模型的绑定和动画案例制作 3 个部分。通过学习这些内容，读者可以基本掌握 Maya 软件的动画功能操作及案例应用。

在编写过程中，本书比较注重通过丰富的项目范例来帮助读者更好地学习和理解三维动画的各种知识和应用技巧。同时，对于各个项目范例相关的软件命令和基础知识，本书也有详细的讲解，方便读者快速进入流程和深入理解内容。

每个项目范例的教学过程被划分为 6 个部分，即项目描述、项目分析、知识准备、项目实施、项目小结和实践演练。读者在学习过程中可以通过项目描述来了解整个项目的制作背景，通过项目分析梳理项目实施需要的技能支撑，通过知识准备来学习项目实施所需的知识点和技能点，再通过项目实施部分，增进对知识点的理解与应用。通过这种方式来熟练掌握 Maya 的绑定与动画制作的方法，以便读者在日后的工作学习中灵活运用。

本书由王璐任主编，滕文学、门跃任副主编，参加编写的还有纪晓远、王松杰、吴杰和张振华。

由于编写时间仓促，错误和疏漏之处在所难免，恳请广大读者批评指正。

编　者

目　录

项目 1 三维绑定基础

 项目描述 «

本项目对三维绑定的基础知识进行学习。绑定的意思是为一些道具或角色添加控制器，这样做是为了更加方便地对其进行控制和操作。绑定是做动画的基础，下面将从三维绑定的基础内容开始学起。

 项目分析 «

1）晶格变形的相关操作：在对象的周围生成一个晶格，通过调节晶格点来改变对象的形状。

2）簇变形的相关操作：簇变形器可以控制一个对象的一组顶点，如控制点、顶点或晶格点。

3）非线性变形器：非线性变形器共有 6 种，分别为 Bend、Flare、Sine、Squash、Twist 和 Wave，根据绑定需求的不同可以使用不同的变形器。

4）父子关系和父子约束的关系与区别：两个或多个物体或控制器之间，设定一种类似父子的层级关系，使父层级的物体或控制器控制子层级的物体或控制器。它是一种简单的递进式层级关系，可以无限向下添加子物体。

5）旋转约束：Orient（旋转）约束匹配一个或多个对象的方向，此约束对同时控制多个对象的方向是非常有用的。

6）控制器的添加：控制器的添加是绑定基础中最重要的部分，同绑定一样，控制器添加是制作三维动画动作的前提。

7）如何实现对 Locator（定位器）的应用：创建定位器，因为 Locator 不会被渲染出来，所以常使用 Locator 作为约束的目标或制作动画的控制器。

8）进行点约束及目标约束：Point（点）约束能够使一个对象的运动带动另一个对象运动，这种约束在一种情况下非常有用，就是将一个对象的运动匹配到另一个对象上时。

9）Blend Shape（融合变形）及编辑器：Blend Shape 变形器是将一个对象的形状改变成其他对象的形状，该变形器通常用于制作表情动画，它通过记录目标对象上点位置的改变，从而在基础对象上集合这些改变后的形状。

10）设置驱动关键帧：设定驱动关键帧，也就是用 A 对象的甲属性驱动 B 对象的乙属性，即改变 A 的属性，B 也会随之改变，常使用这种方法来制作动画。

本项目中的具体任务及流程简介见表 1-1。

表 1-1　项目 1 任务简介

任务	流程简介
任务 1	晶格变形的相关操作
任务 2	簇变形的相关操作
任务 3	非线性变形器
任务 4	父子关系和父子约束的关系与区别
任务 5	旋转约束
任务 6	控制器的添加
任务 7	如何实现对 Locator（定位器）的应用
任务 8	进行点约束及目标约束
任务 9	Blend shape　（融合变形）及编辑器
任务 10	设置驱动关键帧

注：项目教学及实施建议 32 学时。

 **知识准备**

绘制簇权重的方法是：单击 Edit Deformers→Paint Cluster Weights Tool→▣（编辑变形器→绘制簇权重工具→▣），打开选项面板，如图 1-1 所示。

选项面板中各选项的含义如下：

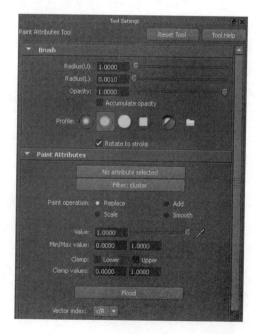

图 1-1

1. Brush（笔刷）

1）Radius（U）（半径 Upper）：如果使用压感笔，则该选项可以定义笔刷的最大半径；如果不使用压感笔，则该选项定义笔刷的半径，Maya 默认该参数值为 1。

2）Radius（L）（半径 Lowest）： 如果使用压感笔，则该选项可以定义笔刷的最小半径；如果不使用压感笔，则该选项不起作用，Maya 默认该参数值为 0.001。

3）Opacity（不透明度）：设定笔刷的不透明度，从而影响最终的绘制效果。Maya 默认该参数值为 1，即完全不透明。如果设定该参数值为 0，则完全透明，因此绘制起来也就没有效果。

4）Accumulate opacity（累积不透明度）：当笔刷通过绘制表面时，逐渐增加不透明度值。

5）Profile（画笔轮廓）：Maya 提供 5 种画笔轮廓类型，从左到右依次是 Gaussian brush（高斯笔刷）、Soft brush（软笔刷）、Solid brush（固体笔刷）、Square brush（方形笔刷）和 Last image File（最后的图片文件）。笔刷效果和它们各自图标显示的效果相似。其中，最后一项图片笔刷需要单击后面的文件浏览按钮，选择合适的笔刷形状的图片来定义笔刷的轮廓。Maya 提供了大量的预定笔刷形状。

6）Rotate to stroke（旋转笔触）：勾选此复选框，笔触会跟随绘制的方向而旋转。若取消勾选，则在绘制时，笔触不会发生旋转。Maya 默认该复选框是勾选状态。

2. Paint Attributes（绘制属性）

1）Paint operation（绘制方式）。

①Replace（替换）：选中该单选按钮时，对于笔刷经过的区域对象，源属性值与当前画笔的设定值[Value（属性值）和 Opacity（不透明度）]进行替换。

②Add（叠加）：选中该单选按钮时，对于笔刷经过的区域对象，源属性值与当前画笔的设定值[Value（属性值）和 Opacity（不透明度）]进行叠加。

③Scale（缩放）：选中该单选按钮时，对于笔刷经过的区域对象，利用当前笔刷的设定值或系数[Value（属性值）和 Opacity（不透明度）]来缩放源属性值，作为有效值。

④Smooth（均匀平滑）：选中该单选按钮时，对于笔刷经过的区域对象的属性值（原来的区域属性）进行平均分配，以得到比较平滑的效果。

2）Value（属性值）：设定当前笔刷的属性值。

3）Min/Max value（最小/最大值）：设定笔刷属性值的最小/最大值。

4）Clamp（夹具式）：包含两个复选框，即 Lower（低）和 Upper（高），勾选后可激活下面相应的 Clamp values（夹具值）选项，可以控制笔刷属性值的最高和最低阈值。

5）Clamp values（夹具值）：设定笔刷属性值的最高和最低阈值。当在 Clamp 选项中勾选 Lower 或 Upper 时，才会被激活。例如，勾选 Lower，设定夹具最低值为 0.2，则笔刷属性值不会低于 0.2；同样，勾选 Upper，设定夹具最高值为 0.9，则笔刷属性值不会高于 0.9。

6）Flood（覆盖）：单击此按钮，可以将当前笔刷的属性应用到所选对象的所有节点属性值上。

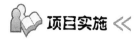 项目实施 《

任务1 晶格变形的相关操作

1. 功能说明

在对象的周围生成一个晶格，通过调节晶格点来改变对象的形状。

2. 操作方法

选择一个或多个变形对象，单击执行，然后进入晶格的点组件模式，调节晶格点即可。

3. 参数详解

单击 Create Deformers→lattice→□（创建变形器→晶格→□），打开选项窗口，如图 1-2 所示。该窗口有两个标签，一个是 Basic（基本），另一个是 Advanced（高级）。下面详细介绍选项窗口中各选项的含义。

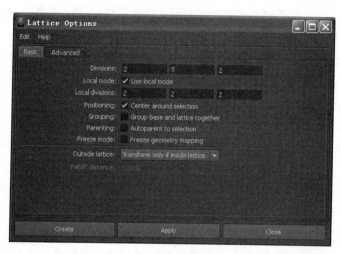

图 1-2

（1）Basic（基本）

1）Divisions（分段数）：沿 S、T 和 U 的方向设定晶格的细分数目。参数值越大，得到的晶格点越多，变形效果也越精细。

2）Local mode（局部模式）：勾选该复选框，每个晶格点仅影响距离自己较近的顶点或控制点。取消勾选，则每个晶格点可以影响对象上所有的顶点或控制点。

3）Local divisions（局部分段数）：设定每个晶格点影响的范围，衡量的单位是晶格细分单元。注意，仅当勾选了 Local mode 时，该选项才可用。

4）Positioning（放置）：设定晶格的位置。勾选 Center around selection（居中环绕所选对象）复选框可以使晶格包围所选对象。取消勾选，则晶格被放置在场景的原点处，默认勾选该复选框。在某些情况下，如果仅需要当对象通过晶格空间时才变形，则可以取消勾选该复选框。

5）Grouping（打组）：设定是否给基础晶格和影响晶格打组，打组后可以一起变换（移动、旋转或缩放）这两个晶格，默认不勾选该复选框。

6）Parenting（父化）：勾选该复选框，可以设定晶格为变形对象的子对象，因此在选择对象时，晶格也会被选中，默认不勾选该复选框。

7）Freeze mode（冻结模式）：勾选该复选框，变形对象将被冻结，并且只受晶格影响。此时，对变形对象进行移动、旋转或缩放操作都会失效，即变形对象保持不变。只有变形晶格时，变形对象才会被改变。

8）Outside lattice（晶格外部）：设定晶格的影响范围，具体有以下 3 种选项。

①Transform only if inside lattice（仅变形晶格体内部的点）：选择该选项，则晶格只影响在其内部的顶点或控制点，外部的顶点或控制点不受晶格影响。

②Transform all points（变形所有的点）：选择该选项，则晶格影响变形对象上的所有顶点或控制点。

③Transform if within falloff（变形衰减范围内的点）：选择该选项，则晶格影响衰减范围内的顶点或控制点。晶格的衰减范围可以在 Falloff distance（衰减距离）数值框中设定。

9）Falloff distance（衰减距离）：设定晶格的影响范围，衡量的单位是晶格细分单元。所有在该衰减范围内的点都将受到晶格的影响，不论是否在晶格的内部，在该衰减范围外的点不受晶格影响。

（2）Advanced（高级）

单击 Advanced 标签，如图 1-3 所示。

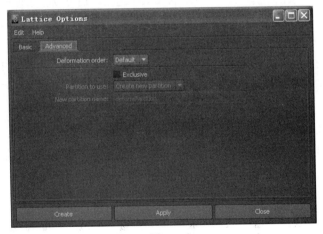

图 1-3

1）Deformation order（变形顺序）：指定变形器在对象变形顺序中的位置，具体有以下 6 个选项。

①Default（默认）：Maya 将当前变形放置在变形节点的上游，默认放置与 Before（前置）类似，当使用默认放置为对象创建多个变形时，结果是一个变形链，变形链的顺序与创建变形的顺序相同。

②Before（前置）：选择该选项，则在创建变形后，Maya 将当前变形放置在对象变形节

点的上游。在对象的历史中，变形将被放置在对象的 Shape（形状）节点前面。

③After（后置）：选择该选项，Maya 将当前变形放置在对象变形节点的下游，使用后置功能可在对象历史的中间创建一个中间变形形状。

④Split（分离放置）：选择该选项，Maya 把变形分成两个变形链。使用分离放置能同时以两种方式变形一个对象，从一个原始形态创建两个最终形态。

⑤Parallel（平行放置）：选择该选项，Maya 将当前的变形节点和对象历史的上游节点平行放置，然后将已有上游节点和当前变形效果融合在一起。需要将融合同时作用于一个对象的几个变形效果时，该选项非常有用。平行融合节点为每一个变形提供了一个权重通道，可编辑平行融合节点的权重，以实现多样的融合效果。

⑥Front of chain（变形链之前）：该选项只有在 Blend Shape（融合变形）中才有用。Blend Shape 常常需要在绑定骨骼并蒙皮后的角色上创建变形效果，如表情动画。Front of chain 放置能够确保 Blend Shape 作用在蒙皮之前。如果作用顺序颠倒，那么当使用骨骼动画角色时，将出现不必要的双倍变形效果。使用 Front of chain 放置功能，在可变形的对象的形状历史中，Blend Shape 节点总是在所有其他变形和蒙皮节点的前面，但不在任何扭曲节点的前面。

2）Exclusive（唯一）：勾选该复选框，可将变形设定在分割区，分割区的设定可以保证没有重复元素，可以激活 Partition to use（可用分区）和 New partition name（新建分割区的名称），默认不勾选该复选框。

3）Partition to use（可用分区）：可列出当前所有分割区和一个默认选项 Create new partition（创建新的分割区）。如果选择 Create new partition 选项，则可以在下面的 New partition name（新建分割区的名称）文本框中输入新分割区的名称，只有勾选了 Exclusive 复选框时，该选项才可用。

4）New partition name（新建分割区的名称）：输入新的分割区名称，只有勾选了 Exclusive 复选框时，该选项才可用。

4. 添加晶格变形的操作方法

选择一个或多个变形对象，单击执行，然后进入晶格的点组件模式，调节晶格点即可。

5. 删除晶格变形的操作方法

选中模型物体，单击菜单栏中的 Edit→delete by type→History（编辑→删除类型→历史），删除其历史，则晶格会被删除。

小注解：

如果直接在 Maya 的操作界面中执行删除操作，那么在删除晶格的同时，物体也会还原到初始形态。

任务 2　簇变形的相关操作

1. 功能说明

簇变形器可以控制一个对象的一组顶点，如控制点、顶点或晶格点。

2. 操作方法

选择对象的控制点或顶点，单击执行。

3. 参数详解

单击 Create Deformers→Cluster→▣（创建变形器→簇→▣），打开选项窗口，如图 1-4 所示。该窗口有两个标签，一个是 Basic（基本），另一个是 Advanced（高级）。下面详细介绍选项窗口中各选项的含义。

图 1-4

（1）Basic（基本）

1）Mode（模式）：勾选 Relative（相对）复选框后，只有簇会影响变形，簇父对象的变换不会影响变形效果；取消勾选，则簇父对象的变换将影响变形效果。

2）Envelope（封套）：设定变形器影响力作用的权重，可拖动滑块来调节该参数，数值越大，变形器对变形对象的影响越大，参数范围是 0.000~1.000，默认值为 1.000。

（2）Advanced（高级）

单击 Advanced 标签，如图 1-5 所示。

图 1-5

该标签下的参数在 Lattice（晶格变形）中已经具体介绍过，此处不再赘述。

4. 添加簇变形的操作方法

选择对象的控制点或顶点，单击执行。

5. 绘制簇权重的操作方法

选择簇作用的面，单击 Edit Deformers→Paint Cluster Weights Tool→▣（编辑变形器→绘制簇权重工具→▣），打开选项面板，然后在选项框中选择要绘制权重的簇即可。

6. 删除簇变形的操作方法

选中模型物体,单击 Edit→delete by type→History(编辑→删除类型→历史),删除其历史,则簇会被删除。如果直接在 Maya 的操作界面中执行删除操作,那么在删除簇的同时,物体也会还原到初始形态。

任务3 非线形变形器

Nonlinear 选项的子菜单中有 6 种非线性变形器,下面对该子菜单进行详细介绍。

1. Bend(弯曲变形)

(1)功能介绍

沿圆弧弯曲所选对象。弯曲变形器可以沿圆弧弯曲任何可变形的对象。该选项对角色设定和建模很有帮助,弯曲变形器有可控制弯曲效果的手柄。

(2)操作方法

选择要变形的对象或对象的部分控制点或顶点,单击执行。

(3)参数详解

单击 Create Deformers→ Nonlinear→ Bend→ ▢ (创建变形器→非线性→弯曲→ ▢),打开选项窗口,如图 1-6 所示。该窗口有两个标签,一个是 Basic(基本),另一个是 Advanced(高级)。下面详细介绍选项窗口中各选项的含义。

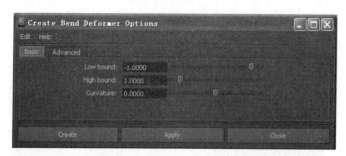

图 1-6

1) Basic(基本)。

①Low bound(下限):设定弯曲变形在 y 轴负方向的最低位置,该参数的最大值为 0,最小值为-10,默认值是-1.0000。

②High bound(上限):设定弯曲变形在 y 轴正方向的最高位置,该参数的最大值为 10,最小值为 0,默认值为 1.0000。

③Curvature(曲率):设定弯曲的程度,该参数值为正值时,向 x 轴正方向弯曲,为负值时,向 x 轴负方向弯曲。该参数的最大值为 4,最小值为-4,默认值为 0.0000,即没有任何弯曲。

2) Advanced(高级)。

该标签下的参数在 Lattice(晶格变形)中已经具体讲解过,这里不再赘述。

小技巧：

选择弯曲变形器时，按<T>键即可显示弯曲变形器的 3 个操纵手柄，用鼠标中键在视图中拖动这 3 个操纵手柄即可方便地调整弯曲变形的效果。

同时，选择对象的部分控制点或顶点施加弯曲变形可以只对对象的一部分进行弯曲，效果预览如图 1-7 所示。

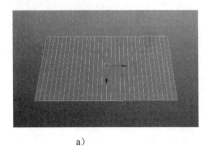

a）

b）

图 1-7

a）添加前　b）添加后

操作步骤如下：

①创建一个 POLY 的平面，如图 1-8 所示。

把这个平面的宽度数值打高。数值不是固定的，只要满足需要即可。

②添加变形器。首先选择模型，然后单击执行，即单击 Create Deformers→ Nonlinear→Bend（创建变形器→非线性→弯曲），如图 1-9 所示。

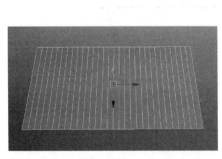
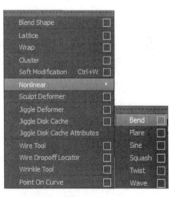

图 1-8

图 1-9

将创建出来的 Bend 弯曲变形器横放在平面上，并确保和平面的方向一致，如图 1-10 所示。

图 1-10

③制作卷轴。选择变形器手柄，并打开右侧通道属性下的 Bend1 弯曲变形节点属性。选择 Curvature（曲率属性）并把该数值调为最大值"4"，如图 1-11 所示，使平面达到如图 1-12 所示的效果。

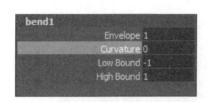

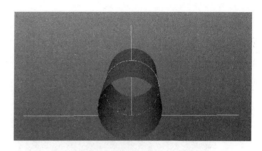

图 1-11 　　　　　　　　　　　　　　图 1-12

将曲率增大到 15 左右（非固定数值），如图 1-13 所示，让平面弯曲得更大，因为上限方向没有弯曲效果，将上限数值改为 0，效果如图 1-14 所示。

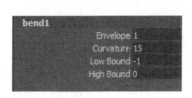

图 1-13 　　　　　　　　　　　　　　图 1-14

左右平移变形器会发现变形器可以达到类似卷轴弯曲的效果。但是，移动到一定位置时会出现平面飞出的现象，如图 1-15 所示。

为了避免这种现象的发生，可以把下限数值减小，减小的数值只要满足平面不会有飞出现象即可，如 1-16 所示。

图 1-15 　　　　　　图 1-16

因为同一个物体可以被多个变形器影响，所以，只要使用上述方法，对该平面添加第二个弯曲变形器，重复上述操作，制作完成另一边的弯曲效果，卷轴效果就制作完成了。

2. Flare（扩张变形）

（1）功能说明

对所选对象沿两个轴向创建扩张变形，扩张变形对角色设定和建模很有帮助。

（2）操作方法

选择对象，单击执行。

（3）参数详解

单击 Create Deformers→Nonlinear→Flare→□（创建变形器→非线性→扩张→□），打开选项窗口，如图 1-17 所示。该窗口有两个标签，一个是 Basic（基本），另一个是 Advanced（高级）。下面详细介绍选项窗口中各选项的含义。

图 1-17

1）Basic（基本）。

Low bound（下限）和 High bound（上限）在 Bend（弯曲变形）中已经讲解过，这里不再重复介绍。

①Start flareX（X 向起始扩张值）：设定变形在 x 轴方向的起始位置，该参数的最大值为10，最小值为 0，默认值为 1.0000。

②Start flareZ（Z 向起始扩张值）：设定变形在 z 轴方向的起始位置，该参数的最大值为10，最小值为 0，默认值为 1.0000。

③End flareX（X 向结束扩张值）：设定变形在 x 轴方向的结束位置，该参数的最大值为10，最小值为 0，默认值为 1.0000。

④End flareZ（Z 向结束扩张值）：设定变形在 z 轴向的结束位置，该参数的最大值为 10，最小值为 0，默认值为 1.0000。

⑤Curve（曲线）：设定在下限和上限之间曲线曲率的数量。该参数值为 0 时，则没有弯曲；参数值为正值时，曲线向外凸起；为负值时，曲线向内凹陷，该参数的最大值为 10，最小值为 0，默认值为 0.0000。

2）Advanced（高级）。

该标签下的参数在 Lattice（晶格变形）中已经具体介绍过，这里不再赘述。

- -

小技巧：

选择扩张变形器时，按<T>键即可显示扩张变形器的操纵手柄，用鼠标中键在视图中拖动这些操纵手柄即可交互地调整弯曲变形的效果，如图 1-18 所示。

- -

a)

b)

图 1-18

a）添加前　b）添加后

3. Sine（正弦变形）

（1）功能说明

对所选对象创建正弦变形。正弦变形器对角色设定和建模很有帮助，可沿着正弦波改变一个对象的形状。

（2）操作方法

选择对象，单击执行。

（3）参数详解

单击 Create Deformers→Nonlinear→Sine→□（创建变形器→非线性→正弦→□），打开选项窗口，如图 1-19 所示。该窗口有两个标签，一个是 Basic（基本），另一个是 Advanced（高级）。下面详细介绍选项窗口中各选项的含义。

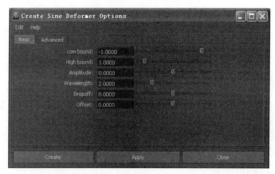

图 1-19

1）Basic（基本）。

Low bound（下限）和 High bound（上限）在 Bend（弯曲变形）中已经讲解过，这里不再重复介绍。

①Amplitude（振幅）：设定正弦曲线的振幅（波的最大数值）。该参数的最大值为 5，最小值为-5，默认值为 0.0000，即无波动。

②Wavelength（波长）：设定正弦曲线的波长，从而决定正弦曲线的频率。波长越短，频率值越大，波长越长，频率值越小。该参数的最大值为 10，最小值为-0.1，默认值是 2.0000。

③Dropoff（衰减）：设定振幅的衰减方式。该参数值为负值时，向操纵手柄的中心衰减；为正值时，从操纵手柄中心向外衰减。该参数的最大值为 1，最小值为-1，默认值为 0.0000，

即无衰减。

④Offset（偏移）：设定正弦曲线偏移操纵手柄中心的程度。该参数的最大值为 10，最小值为-10，默认值为 0.0000，即无偏移。

2）Advanced（高级）。

该标签下的参数在 Lattice（晶格变形）中已经具体介绍过，这里不再赘述。

选择正弦变形器，按<T>键即可显示正弦变形器的操纵手柄，用鼠标中键在视图中拖动这些操纵手柄，即可交互地调整正弦变形器的效果，如图 1-20 所示。

a）　　　　　　　　　　　　b）

图 1-20

a）添加前　b）添加后

4. Squash（挤压变形）

（1）功能说明

对所选对象创建挤压变形，可挤压或拉伸模型。

（2）操作方法

选择对象，单机执行。

（3）参数详解

单击 Create Deformers→Nonlinear→Squash→□（创建变形器→非线性→挤压→□），打开选项窗口，如图 1-21 所示。该窗口有两个标签，一个是 Basic（基本），另一个是 Advanced（高级）。下面详细介绍选项窗口中各选项的含义。

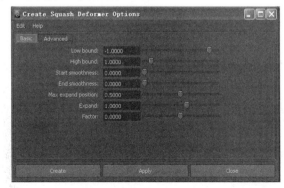

图 1-21

1）Basic（基本）。

Low bound（下限）和 High bound（上限）在 Bend（弯曲变形）中已经讲解过，这里不再重复介绍。

①Start smoothness（起始平滑度）：设定挤压变形在起始时的平滑程度。该参数的最大值为 1，最小值为 0，默认值为 0.0000。

②End smoothness（结束平滑度）：设定挤压变形在结束时的平滑程度。该参数的最大值为 1，最小值为 0，默认值为 0.0000。

③Max expand position（最大扩展位置）：设定在上限位置和下限位置之间的最大扩展范围中心。该参数的最大值为 0.99，最小值为 0.01，默认值为 0.5000。

④Expand（扩展）：设定挤压变形的扩展程度。该参数的最大值为 1.7，最小值为 0，默认值为 1.0000。

⑤Factor（挤压因数）：设定加压变形的程度。该参数的小于 0 则挤压模型，大于 0 则拉伸模型。该参数的最大值为 10，最小值为 -10，默认值为 0.0000。

2）Advanced（高级）。

该标签下的参数在 Lattice（晶格变形）中已经具体介绍过，这里不再赘述。

选择挤压变形器，按<T>键即可显示挤压变形器的操纵手柄，用鼠标中键在视图中拖动这些操纵手柄，即可交互地调整挤压变形器的效果，如图 1-22 所示。

a)   b)

图 1-22

a）添加前 b）添加后

5. Twist（扭曲变形）

（1）功能说明

对所选对象创建扭曲变形效果。

（2）操作方法

选择对象，单击执行。

（3）参数详解

单击 Create Deformers→Nonlinear→Twist→▣（创建变形器→非线性→扭曲→▣），打开选项窗口，如图 1-23 所示。该窗口有两个标签，一个是 Basic（基本），另一个是 Advanced（高级）。下面详细介绍选项窗口中各选项的含义。

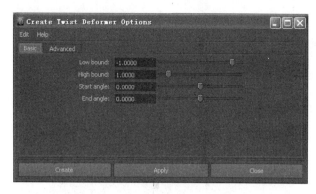

图 1-23

1）Basic（基本）。

Low bound（下限）和 High bound（上限）在 Bend（弯曲变形）中已经讲解过，这里不再重复介绍。

①Start angle（起始角度）：设定扭曲变形的起始角度。

②End angle（结束角度）：设定扭曲变形的结束角度。

2）Advanced（高级）。

该标签下的参数在 Lattice（晶格变形）中已经具体介绍过，这里不再赘述。

选择扭曲形器，按<T>键即可显示扭曲变形器的操纵手柄，用鼠标中键在视图中拖动这些操纵手柄，即可交互地调整扭曲变形器的效果，如图 1-24 所示。

a)   b)

图 1-24

a）添加前　b）添加后

6. Wave（波形变形）

（1）功能说明

对所选对象创建波形变形效果。

（2）操作方法

选择对象，单击执行。

（3）参数详解

单击 Create Deformers→Nonlinear→Wave→■（创建变形器→非线性→波形→■），打

开选项窗口，如图 1-25 所示。该窗口有两个标签，一个是 Basic（基本），另一个是 Advanced（高级）。下面详细介绍选项窗口中各选项的含义。

图 1-25

1）Basic（基本）。

①Min radius（最小半径）：设定波形变形的最小半径。该参数的最大值为 10，最小值为 0，默认值为 0.0000。

②Max radius（最大半径）：设定波形变形的最大半径。该参数的最大值为 10，最小值为 0，默认值为 1.0000。

其他选项在 Sine（正弦变形）中已经讲过，这里不再赘述。

2）Advanced（高级）。

该标签下的参数在 Lattice（晶格变形）中已经具体介绍过，这里不再赘述。

选择波形变形器，按<T>键即可显示波形变形器的操纵手柄，用鼠标中键在视图中拖动这些操纵手柄，即可交互地调整波形变形器的效果，如图 1-26 所示。

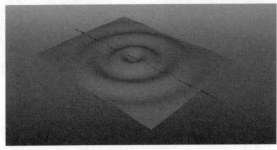

图 1-26

任务 4 父子关系和父子约束的关系与区别

1. 父子关系

（1）功能说明

两个或多个物体或控制器之间，设定一种类似父子的层级关系，使父层级的物体或控制器控制子层级的物体或控制器。这是一种简单的递进式层级关系，也可以无限向下添加子物体。

（2）功能说明

创建父子关系，默认快捷键为<P>键，工具架上的图标为 。

（3）操作方法

选择子对象，加选父对象，按<P>键单击执行。

（4）参数详解

单击 Edit→Parent→□（编辑→创建父子关系→□），打开选项窗口，如下图 1-27 所示。

图 1-27

下面详细介绍选项窗口中各选项的含义。

1）Parent method（父化方式）：具体有以下两个单选按钮。

①More objects（移动对象）：选中该单选按钮后，重新父化时，子对象将从原群组或原父对象中移出来，作为新的父对象的子对象。

②Add instance（添加实例）：如果要父化的子对象是某一个群组或某一个父对象的子对象，则选中 Add instance 单选按钮，重新父化时，原来的子对象仍为原群组或原父对象的子对象，而 Maya 会创建原子对象的实例，作为新的父对象的子对象。

2）Preserve position（保持位置）：勾选该复选框并创建父化关系时，Maya 会保持这些对象的变换矩阵和位置不变，默认该复选框为勾选状态。

2. 父子约束

（1）功能说明

使用父子约束可以使约束对象像目标体的子对象一样跟随目标体运动，它们会保持当前的相对空间方位，包括位置与方向，父约束也可以使约束对象受多个目标体的均衡控制。

在使用父子约束时，约束对象不会变成目标体层级结构中的一部分，但其希望目标体的子对象一样受其控制。

父子约束与旋转约束不同，在使用父子约束时，转动目标体，约束对象绕世界轴转动；使用旋转约束时，转动目标体，约束对象绕自身轴转动。

（2）操作方法

选择一个或多个目标对象，加选被约束对象，执行父子约束命令。

（3）参数详解

单击 Constrain→Parent→□（约束→父子→□），打开选项窗口，如图 1-28 所示。

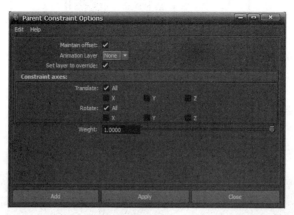

图 1-28

下面对特有属性 Constraint axes（约束轴）进行介绍。

Constraint axes 分为两组，即 Translate（位移）和 Rotate（旋转），它们用来指定约束位置轴和方向轴的方式，可以采用 All（全部）或单通道的方式来控制。

1）Translate：指定是采用全约束方式还是 X/Y/Z 单通道方式来约束位移轴。

2）Rotate：指定是采用全约束方式还是 X/Y/Z 单通道方式来约束旋转轴。

父子约束最常见的例子就是双手抱东西，我们可以约束手中的物体到两只手上，此时就会有两个目标对象，则需要使用父子约束。

父子关系和父子约束的区别：使用父子约束和一般意义上的设置父子关系有所不同。如果设置父子关系（按<P>键），则一个子对象最多只能有一个父对象，当然，一个父对象可以有多个子对象。如果需要一个子对象有多个父对象，或者说受多个父对象影响，则可以使用父子约束，可以使用多个目标约束控制同一个被约束对象。

任务 5　旋转约束

1. 功能说明

旋转（Orient）约束用来匹配一个或多个对象的方向，此约束对同时控制多个对象的方向是非常有用的。例如，列队的士兵，给一个士兵的头部制作动画，再将其他士兵的头部用方向约束关联到刚刚制作了动画的士兵的头上，使得所有的士兵同时朝向一个方向。

2. 操作方法

先选择目标对象，再加选被约束对象，执行旋转约束命令。

3. 参数详解

单击 Constrain→Orient→▢（约束→旋转→▢），打开选项窗口，如图 1-29 所示。

下面详细介绍选项窗口中各选项的含义。

1）Maintain offset（保持偏移）：在创建约束时，目标体与约束对象之间可能会有位置差异，有时可能希望保持这个位置差。例如，用头骨约束耳环时，我们希望耳环保持在耳朵的位置上而不是直接放在头骨的位置上，勾选该复选框可以设置创建约束时是否保持两者的位置差，默认不勾选此复选框。

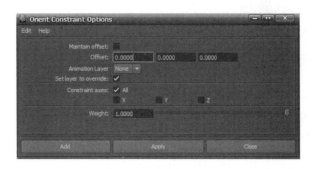

图 1-29

2）Offset（偏移）：可设定被约束对象偏离目标点的位置，可以设置 X、Y、Z3 个方向上的偏移值。如果需要被约束对象和目标点不在同一位置，有一定的偏移，则可以在此设定偏移量。只有在 Maintain offset 复选框为非勾选状态时才可用。

3）Animation layer（动画层）：选择一个动画层，添加旋转约束。

4）Set layer to override（设置图层覆盖）：当勾选该复选框时，在 Animation layer（动画层）下拉列表中将自动选择 Override（覆盖）模式来添加约束动画层，这是默认模式，当取消勾选时，图层模式将设置为 Additive（添加）来添加约束。

5）Constraint axes（约束轴）：设定点约束的轴向，Maya 默认勾选 All 复选框，也可以取消勾选 All 复选框，单独勾选 X、Y、Z 来设定约束轴向。

①All：约束 3 个轴向的位置，系统默认勾选该复选框。

②X/Y/Z：设置哪些轴向的位置由目标体控制。

6）Weight（权重）：设置约束对象的位置受目标体影响的程度。

旋转约束既可以控制一个对象匹配另一个对象的运动，也可以使一个对象跟随一系列的对象运动。在制作控制器时，由于骨骼数量较多且比较密集，不便于选择，因此常常建立一个线框作为控制器，以便于选择和识别，然后再使用旋转约束将骨骼约束到控制器上，这样就可以使用控制器来控制骨骼了。而制作动画时，隐藏骨骼，只需要对控制器设置关键帧即可。

任务6 控制器的添加

1. 控制器的命名和成组

控制器创建完成后要对其进行命名，以便于区分和辨认。控制器的命名原则上根据控制器的用途来定，同时为了方便管理和使用也要遵循一定的规范，这样一旦出现问题在大纲中查找也会非常方便。

控制器命名规范：

Spring	UpCon	G	L/R
道具名称	相应控制器名称	群组（控制器所在的组）	L=左/R=右

控制器所在群组的命名跟控制器相同，为了区别，在控制器名称的后面加"G"，控制器名字各部分之间用下划线"_"隔开，不能使用其他符号，MAYA 只认"_"这一种符号语言。

以弹簧顶部的控制器为例：spring_UpCon

弹簧所在群组的名称：spring_UpCon_G

按照规范为弹簧的所有控制器命名。

控制器命名完成后，为了整个文件的条理清楚应对其他的物体也进行命名，其他物体的命名规范和控制器是一样的。

Group（群组）的功能是把选择的对象组成群组。群组是虚拟的空间，就好像选择几个人组成一个小组，小组有它的名称，是一个虚拟的对象，没有实际存在的物体。成组后，所有对象都位于 Group 的子层级，群组变换时，对象受群组的影响也进行变换。这时群组变换的参考是世界坐标，因此群组的变换以数值的形式出现在属性通道中，而圆环（即群组中的对象）变换的参考是群组，它相对于群组而言没有发生变化，因此属性通道也就不会出现数值。

讲了这么多，为什么要这么做呢？直接将圆环移动到相应的位置不行吗？不行！控制器是动画师用来 key 动画的。添加控制器前需要绑定的对象都有初始状态，控制器的移动、旋转、缩放也都是在默认状态下控制被绑定的对象，在动画师 key 动画的过程中想要回到被绑定对象的初始状态，只需要将控制器的所有属性清零即可。反之，在绑定之初，控制器属性就有数值，绑定后，被绑定对象发生变换后，想要回到初始状态，只有将控制器的属性数值调整为绑定时控制器属性所带的数值，直接清零不能回到被绑定对象的初始状态。

上面将控制器成组的操作，就是为了既能将控制器调整到相应的位置，又能使控制器保持默认的状态。

这样创建控制器的方法是绑定必做的操作，今后只要创建控制器就要重复这套动作。

2. Parent（父子关系）

之前可能有人接触过绑定好的骨骼，里面有很多的骨骼，如控制器和 IK 手柄等，都非常复杂。这是一种绑定，但是还有其他的针对相对简单的模型或物体执行的绑定，那就是父子关系。

3. 控制器的属性

在绑定时，添加完控制器后，控制器上自带的 Translate、Rotate、Scale 和 Visbility 属性并不是都需要的，或者这些属性并不足以满足制作需求，所以需要按照制作需求去添加或隐藏一些属性，以完善和清理控制器属性。

操作方法是：选择模型或控制器，在属性通道菜单单击 Edit→Channel Control（编辑→通道控制），弹出对话框，如图 1-30 所示。

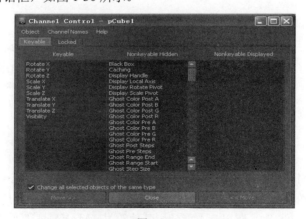

图 1-30

此处只介绍需要的几个命令。

找到第二排的 Keyable（可设置关键帧）标签，下面共有 3 个选项，第一个是 Keyable（可设置关键帧），Keyable 栏下所显示的是当前选择物体的通道栏中显示的属性。第二个是 Nonkeyable Hidden（隐藏的不可设置关键帧的项），Nonkeyable Hidden 下所显示的是选择物体的通道栏中被隐藏的属性。第三个 Nonkeyable Displayed（显示的不可设置关键帧的项），意思是当前选择物体显示出来的不能 key 帧的属性。当没有不可设置关键帧的属性时，此栏为空。

下面一排的 Change all selected objects of the same type（更改同一类型的所有选定对象）复选框是将所有选择的同一类型的对象都做相同的更改，默认此复选框为勾选状态。

最后一排的 3 个按钮 Move>>、Close、<<Move 解释如下。

① Move>>：向右移动。将 Keyable 下的一个或多个属性移动到 Nonkeyable Hidden 栏中。将当前可见的通道中的属性隐藏。

② Close：关闭当前窗口，结束操作。

③ <<Move：向左移动。将 Nonkeyable Hidden 下的一个或多个属性移动到 Keyable 栏中。将隐藏的属性添加到当前物体的通道栏中。

Keyable 标签旁边的 Locked（已锁定）标签用来显示当前属性哪些是被锁定的。单击 Locked 标签，如图 1-31 所示，界面分为左右两个栏。

Locked（锁定）栏下显示的是当前物体被锁定的属性。Non Locked（未锁定）栏下显示的是当前物体未被锁定的属性。如果某栏为空，则说明没有对应此栏的属性。

4. 控制器和被控制的物体轴向相同

添加完控制器后，首先要检查控制器和被控制的物体轴向是否相同，如果不相同，那么可能会发生对控制器的操控，被控制物体的运动方向与控制器不一致的现象。

检查方法：首先观察一下添加了控制器的模型，选中控制器和物体，如图 1-32 所示。

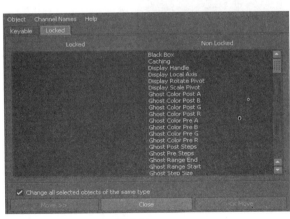

图 1-31

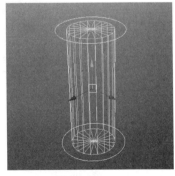

图 1-32

观察后可以发现，选中所有控制器和物体后，只显示了一个坐标，这样是无法检查轴向的，需要通过一个小命令来实现检查轴向的操作，如图 1-33 所示。单击工具栏中第一个红框中的按钮（选择多种组件），后面的类型会发生改变，然后单击第二个红框中的按钮以激活（选择多种组件）。此时再次观察控制器和物体，如图 1-34 所示。

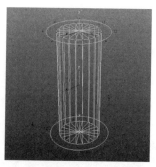

图 1-33

图 1-34

这时就会显示左右选择物体的自身坐标轴向，只需要观察轴向是否一致。如果一致则无需修改，但如果不一致，在当前模式下，需要手动修改。使用鼠标直接单击需要修改的坐标，然后进行修改即可。注意，轴向只可以通过旋转属性修改，位移和缩放是毫无作用的，也不要去修改。

任务 7 如何实现对 Locator（定位器）的应用

Locator（定位器）在工具架上的图标为。Locator 用来创建定位器，因为 Locator 不会被渲染出来，所以常使用 Locator 作为约束的目标，或制作动画的控制器。

Locator 及其在 Outline（大纲）中的图标如图 1-35 所示。

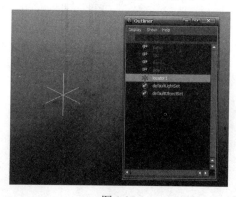

图 1-35

任务 8 进行点约束及目标约束

1. Point（点）约束

（1）功能说明

点约束能够让一个对象的运动带动另一个对象运动，这种约束在一种情况下非常有用，就是将一个对象的运动匹配到另一个对象上。例如，女人戴的耳钉，可以建一个 Locator（定位器），然后与耳钉建立点约束，然后将 Locator 与女人的耳朵建立父子关系。

（2）操作方法

先选择目标对象，再加选被约束对象，执行点约束命令。

（3）参数详解

单击 Constrain→Point→▣（约束→点→▣），打开选项窗口，如图 1-36 所示。该选项窗口中的属性在前面已经讲过，这里不再赘述。

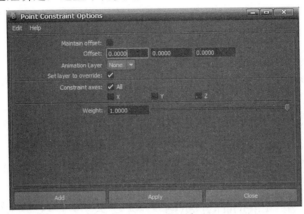

图 1-36

2. Aim（目标）约束

（1）功能说明

用对象控制被约束对象的方向，使被约束对象的一个轴向总是瞄准目标对象，这就是方向约束。方向约束在动画制作中的应用非常广泛，如舞台灯光等。方向约束在角色设定中的主要用途是作为眼球运动的定位器，目标对象能约束对象的方向，使被约束对象总是瞄准约束对象。

（2）操作方法

先选择目标对象，再加选被约束对象，执行目标约束命令。

（3）参数详解

单击 Constrain→Aim→▣（约束→目标→▣），打开选项窗口，如图 1-37 所示。

图 1-37

此处只讲解一些特有属性。

1）Aim vector（目标向量）：按约束对象自身的坐标系指定一个方向，此方向将指向目标点。

2）Up vector（向上向量）：按约束对象自身坐标系指定一个向上向量的方向，此方向用于避免约束对象绕 Aim vector（目标向量）转动。

3）World up type（世界向上类型）：世界向上方向的定义方式，约束对象的 Up vector（向上向量）要根据外部坐标系统定义其方向。

4）World up vector（世界向上向量）：当 World up type（世界向上类型）设置为 Vector（向量）时此参数可用，按世界坐标系指定一个向量，用来定义约束对象的 Up vector（向上向量）。

5）World up object（世界向上对象）：当 World up type（世界向上类型）设置为 Object Up（对象向上方轴）或 Object Rotation Up（对象向上旋转轴）时，此参数可用，在输入栏中输入场景中的一个对象的名称，使用这个对象来约束 Up vector（向上向量）。

任务9　Blend Shape（融合变形）及编辑器

1. Blend Shape（融合变形）

（1）功能说明

Blend Shape 变形器是将一个对象的形状改变成其他对象的形状，通常用于制作表情动画，通过记录目标对象上点位置的改变，从而在基础对象上集合这些改变后的形状，如图 1-38 和图 1-39 所示。

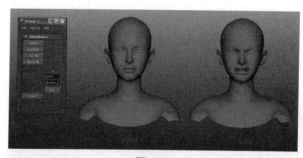

图 1-38

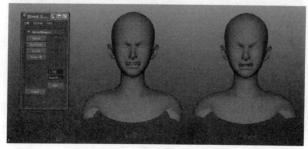

图 1-39

需要注意的是，必须进入目标对象的元素组件才能调整点位置的变化。与其他变形器不同，Blend Shape 变形器有一个编辑器（后面有讲解），使用该编辑器可以控制每个融合变形器对目标对象的影响，也可以创建新的融合变形器，以及设置关键帧等。

（2）操作方法

选择一个或多个模型作为目标变形对象，再选择一个模型作为基本变形对象，单击执行。

（3）参数详解

单击 Create Deformers→Blend Shape→□（创建变形器→融合变形→□），打开选项窗口，如图 1-40 所示。该窗口有两个标签，一个是 Basic（基本），另一个是 Advanced（高级）。下面详细介绍选项窗口中各选项的含义。

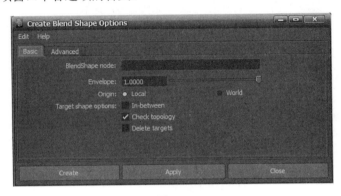

图 1-40

1）Basic（基本）。

①BlendShape node（融合变形节点）：指定融合变形变形器的名称，这在制作表情动画时非常重要，如果不自定义名称，那么，Maya 就会默认该名称为 blendshapen。

②Envelope（封套）：设定变形器影响力作用的权重，可以拖动滑块来调节该参数。该参数的值越大，变形器对变形对象的影响就越大，参数范围是 0.0000~1.0000，默认值为 1.0000。

③Origin（原点）：指定融合变形是否与基础对象形状的位置、旋转和缩放相关联，可以从以下两个单选按钮中选择，默认选中 Local（局部）单选按钮。

Local（局部）：在融合变形时，将忽略基础变形对象和目标变形对象在位置、旋转和缩放之间的差异，局部空间将基础对象融合变形到目标对象形状中。通常，当需要将目标对象移动到不同的位置以方便观察，但又不希望影响变形时，选中该单选按钮很有帮助。

World（世界）：在融合变形时，会将目标变形对象和基础变形对象之间的位置、旋转和缩放之间的差别考虑在内。

④Target shape options（目标形状选项），该选项有 3 个复选框可以勾选，具体介绍如下。

In-between（中间变形）：设定融合方式是顺序融合还是平行融合。勾选该复选框为顺序融合，取消勾选则是平行融合。顺序融合是指按照目标变形对象被选择的顺序进行变形。融合变形的变化将从第一个目标变形对象开始，然后第二个对象……，依次进行。取消勾选则融合效果将平行出现。每一个目标对象形状均可同时参与融合变形，在 Blend Shape 窗口中设定每个目标对象的变形系数，从而得到各种融合效果。对于面部动画，需取消勾选该复选框，以便形成各种面部表情。

Check topology（检查拓扑）：检查基础变形对象和目标变形对象之间是否有相同的拓扑结构，如果目标变形对象具有不同的拓扑结构，则勾选该复选框。

Delete targets（删除目标形状）：设定在创建融合变形后是否删除目标变形对象。如果不需要检查或操作目标形状，则可以删除目标形状。但最好不要勾选该复选框，保留目标变形对象，然后建立一个图层，将它们放在图层里隐藏，这样方便日后使用。

2）Advanced（高级）。

单击 Advanced 标签。高级选项之前已经介绍过，这里不再赘述。

2. 融合变形编辑器

Blend Shape 子菜单中包含 5 种操作方式，如图 1-41 所示。

图 1-41

此处仅介绍 Add（添加）操作方式。

（1）功能说明

为已创建的 Blend Shape 添加目标变形对象。

（2）操作方法

选择要添加的一个或多个目标变形对象，然后选择已创建了 Blend Shape 的基础变形对象，单击执行。

（3）参数详解

单击 Edit Deformers→Blend Shape→Add→□（创建变形器→融合变形→添加→□），打开选项窗口，如图 1-42 所示。

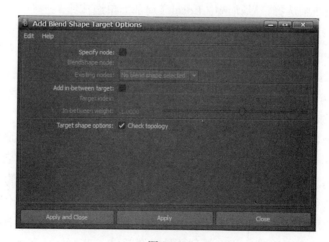

图 1-42

1) Specify node（指定节点）：如果所选择的基础对象的形状仅受到一个融合变形的影响，那么不必勾选该复选框。如果勾选该复选框，则可以指定融合变形节点和 Existing nodes（已存在的节点）。默认不勾选该复选框。

2) BlendShape node（融合变形节点）：指定要添加目标对象形状的融合变形器节点的名称。

3) Existing nodes（已存在的节点）：列出场景中融合变形器的节点，并指定要添加目标对象形状的融合变形器节点。仅当勾选 Specify node 复选框时，该选项才可用。

4) Add in-between target（添加中间目标）：勾选该复选框，可激活 Target index（目标索引）和 In-between weight（中间权重）两个选项，通常激活这两个选项的目的是能够控制所添加目标对象形状的效果。

5) Target index（目标索引）：在创建融合变形时，取消勾选 In-between 复选框，则平行融合变形，设定新添加的目标变形对象 Target index，使其参与融合变形。如果在创建融合变形时勾选 In-between 复选框，则按顺序融合变形，这时不必设定 Target index，但是必须要设定 In-between weight。

6) In-between weight（中间权重）：设定添加的目标变形对象变形权重能够达到的最大影响值。滑块范围在 0~1 之间，不要将该参数值设置为 1.0000，因为 1.0000 是已存在的目标对象形状权重的最大值。

7) Target shape options（目标形状选项）：设定是否检查新添加的目标对象和已有目标对象是否具有相同的拓扑结构。例如，如果是 NURBS，则可以检查是否有的模型形状都有相同的数目的控制点。默认勾选 Check topology（检查拓扑结构）复选框。

任务 10　设置驱动关键帧

1. 功能说明

设定驱动关键帧（Set Driven Key），也就是用 A 对象的甲属性驱动 B 对象的乙属性，即改变 A 的属性，B 也会随之改变，利用这种方法来制作动画。而驱动值的大小建立在设定关键帧的基础上，这里的甲、乙属性可以是多个属性，A 对象称为驱动对象（Driver），B 对象称为被驱动对象（Driven）。

2. 操作方法

打开选项窗口，载入驱动对象和被驱动对象，调整属性，单击 Key（关键帧）按钮即可。

3. 设置驱动关键帧

Set Driven Key（设置驱动关键帧）选项包含 3 个命令，如图 1-43 所示。

图 1-43

此处仅对 Set（设置）命令进行详细讲解。

单击 Animate→Set Driven Key→Set(动画→设置驱动关键帧→设置)，打开 Set Driven Key 窗口，如图 1-44 所示。下面详细介绍窗口中各选项的含义。

（1）Load（加载）标签

1）Selected as Driver（将所选对象作为驱动对象）：将当前对象设置为驱动对象。

2）Selected as Driven（将所选对象作为被驱动对象）：将当前对象设置为被驱动对象。

3）Current Driver（当前驱动对象）：从驱动对象列表中删除当前驱动对象。

（2）Options（选项）标签

Channel Names（通道名称）选项中包含以下 3 个命令：

①Nice（友好命名）。

②Long（长命名）。

③Short（短命名）。

这 3 种命令方式的效果如图 1-45~图 1-47 所示。

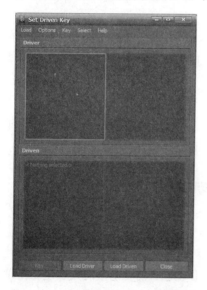

图 1-44

图 1-45

图 1-46

图 1-47

1）Clear on Load（加载时清空）：勾选该复选框，则加载驱动对象或被驱动对象的同时删除列表中当前的对象；取消勾选，则不删除列表中当前的对象。

2）Load Shapes（加载形状）：勾选该复选框，只加载对象的形状节点属性并将其显示在驱动或被驱动对象列表的右侧栏中；取消勾选，则只加载并显示对象的变形节点属性。

3）Auto Select（自动选择）：勾选该复选框，当在 Set Driven Key 窗口中选择某一个对象时，该对象在场景试图中也会被自动选择；取消勾选，则在 Set Driven Key 窗口中选择某个对象时，该对象在视图场景中不会自动被选中。

4）List Keyable Driven Attributes（列出可设置关键帧的被驱动属性）：勾选该复选框，则只有对象的可设置关键帧属性会加载到驱动或被驱动对象的列表中；取消勾选，则所有属性（可设置关键帧属性和不可设置关键帧属性）都会加载到驱动或被驱动对象的列表中。

（3）Key（设置关键帧）标签

Key 与 Animate→Set Driven Key（动画→设置驱动关键帧）中的命令相同，这里不再赘述。

（4）Select（选择）标签

Driven ltems（被驱动对象）：在场景视图中选择被驱动列表中的当前对象，例如，如果在被驱动列表中选择了 cone1 对象，那么执行 Select→Driven ltems（选择→被驱动对象）命令后，场景视图中的 cone1 对象就会被选中。

（5）Driver（驱动对象）

Driver 用来加载驱动对象和属性，在视图中选择驱动对象，单击 Load Driver（加载驱动对象）按钮，即可加载驱动对象，在右侧栏中可以选择驱动属性。

（6）Driven（被驱动对象）

Driven 可用来加载被驱动对象和属性，在视图中选择被驱动的对象，单击 Load Driven（加载被驱动对象）按钮，即可加载被驱动对象，在右侧栏中可以选择被驱动属性。

（7）Key（设置关键帧）

Key 用来选择驱动和被驱动属性，并设置驱动属性的值和被驱动属性的值，单击该按钮即可设定一个被驱动关键帧，可以设定多个被驱动关键帧。

（8）Load Driver（加载驱动对象）和 Load Driven（加载被驱动对象）

Load Driver 按钮与 Load（加载）菜单中的 Selected as Driver（将所选作为驱动对象）命令用法相同，而 Load Driven 按钮与 Load（加载）菜单中的 Selected as Driven（将所选作为被驱动对象）命令用法相同。

项目小结 ≪

通过本项目内容的学习，可以对 Maya 中有关绑定基础的知识有所了解。其中，控制器的添加、进行点约束和目标约束、设置驱动关键帧是本项目的重点。控制器的添加是制作三维动画动作的前提。

实践演练 ≪

1）通过本项目所学，练习绑定的应用和操作。

2）要求：

①控制器添加准确，能方便地控制角色运动。

②控制器的命名正确，能方便地知道控制器控制的部位。

项目 2　设置弹簧

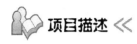

项目描述 《

学习道具绑定，这里的道具跟实拍电视电影中的道具一样，都是除角色和场景以外的物体，如小到一根针、一支笔，大到汽车、飞机等（特定的情节除外，如汽车总动员中的汽车，玩具总动员中的玩具，这些都是拟人化的角色）。本项目从最基础的弹簧案例开始进行讲解。

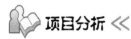

项目分析 《

1）制作弹簧模型：在 Maya 菜单栏单击 Create→Polygon Primitives→Helix 即可，在场景中创建一个 Polygon 弹簧模型。

2）对弹簧进行父子关系设置：为弹簧添加 Parent（创建父子关系）并进行参数设置。

3）为弹簧添加控制器和整理文件：通过对弹簧控制器的整理，能避免对控制器的误操作，可以减少不必要的损失。

本项目中的具体任务及流程简介见表 2-1。

表 2-1　项目 2 的任务简介

任务	流程简介
任务 1	制作弹簧模型
任务 2	对弹簧进行父子关系设置
任务 3	为弹簧添加控制器和整理文件

注：项目教学及实施建议 16 学时。

知识准备

1）弹簧的运动规律：不管用在什么地方，起到什么样的作用，弹簧的特性不会变化，那就是拉伸或压缩，绑定时最基本的要求也是这样，通过基本的命令实现这样的效果。

2）控制器命名规范和整理：制作绑定的过程中，无论是道具还是角色，无论需要绑定的角色是简单还是复杂，都要按照规范对添加的控制器进行命名和整理层级，这样不仅有利于动画师的操作，同时也方便文件的存储和以后的修改。

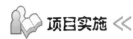项目实施 《《

任务 1　制作弹簧模型

1. 添加设置

为弹簧添加设置，首先要了解弹簧的运用方式。在日常生活中随处都可以看到弹簧，如汽车避震器、打气筒、自行车等都用到了弹簧，有的是为了使拉伸回位，有的是缓冲压力，但不管用在什么地方，起到什么样的作用，弹簧的特性不会变化，那就是拉伸或压缩。制作道具时弹簧的运动方式如图 2-1 所示。

弹簧的运动最直观的效果就是拉伸和压缩，绑定时最基本的要求也是这样，通过基本的命令实现这样的效果。现实中的弹簧在压缩到极限时，每段钢丝都会紧紧地贴在一起，而绑定中直接对模型压缩会出现模型的形变（弹簧的横截面发生严重形变），压缩到极限时也会产生穿帮，这就需要使用其他的方法来控制模型，具体方法在后面将会讲到。

压缩控制完成后，要为绑定添加控制器，以方便动画师制作动画，当然，控制器的添加也要遵循一定的规则。动画师要为控制器 key 帧，所以控制器的属性必须是清零的状态。那么，控制器在控制弹簧时的层级关系是什么呢？最终完成效果如图 2-2 所示，可以看到，即使弹簧压缩到极限，横截面仍保持原始状态，没有发生形变。

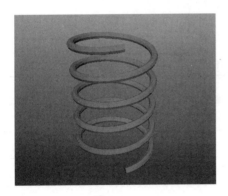
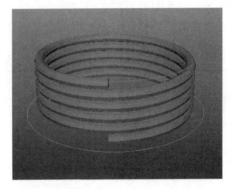

图 2-1　　　　　　　　　　　　　图 2-2

2. 弹簧的绑定

在场景中创建一个 Polygon 弹簧模型，如图 2-3 所示。

3. 弹簧变形

有了弹簧后，就可以让它变形了。相信大家可以用 Lattice（晶格）来辅助建模，绑定时也经常用到它。选择弹簧模型，选择 Animation 模块，执行 Create Deformers（创建变形器）→Lattice（晶格）命令，将 Lattice 的段数改成最低，如图 2-4 所示。

选中 Lattice，单击鼠标右键，在弹出的快捷菜单中选择 Lattice Point，进入 Lattice 的点级别模式，选择上面的 4 个点，用移动工具选择 Y 轴向上拖动，这时弹簧模型发生了形变，如图 2-5 所示。

图 2-3

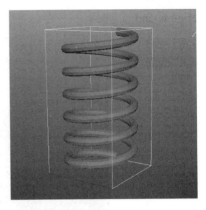

图 2-4

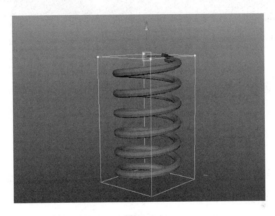

图 2-5

此时，弹簧整体被拉伸了，同时弹簧的本身也发生了变化（弹簧横截面拉伸），真实的弹簧本身是钢丝的，无论怎么拉伸或压缩都不会发生形状上的变化。显然，这样的方法是行不通的。

解决这个问题的方法其实很简单，但是不太好理解。模型被 Lattice 控制会发生形状上的变化，但是曲线被 Lattice 控制就不会发生形状上的变化，因为曲线本身没有体积。用 Lattice 控制曲线，实现拉伸或压缩，再用曲线控制模型，模型就会跟随曲线进行伸缩，且不会发生自身形状上的改变。

通过上面的分析，绑定弹簧时不仅要有一个弹簧模型，还要有一个和弹簧模型相匹配的曲线。反过来想，有了弹簧曲线再创建一个圆环，在 Surfaces 模块下执行 Surfaces→Extrude 命令，以弹簧曲线为路径、圆环为轮廓，即可挤压出弹簧模型。

4. 创建弹簧曲线

首先，创建一个 NURBS 圆柱，更改其右侧通道中的 Spans 属性，将圆柱的段数尽可能地加多。选择圆柱，在 Animation 模块下执行 Create Deformers（创建变形器）→Nonlinear（非线性变形器）→Twist（螺旋）命令，属性参数如图 2-6 所示。

属性参数介绍如下：

Low bound（下限）——设定变形影响在 Y 轴负方向的最低位置。

High bound（上限）——设定变形影响在 Y 轴正方向的最高位置。

Start angle（起始角度）——设定螺旋变形的起始角度。

End angle（结束角度）——设定螺旋变形的结束角度。

图 2-6

设置完毕后，再次选择模型，在右侧的通道栏里单击打开 twist1，将 Start Angle 的值调为 1500，如图 2-7 所示。

注意，对模型创建螺旋变形后，应尽量避免改变模型上的点的数目，如果改变可能导致意想不到的变形效果。

接着，选择模型，单击鼠标右键，在弹出的快捷菜单中选择 Isoparm，任意选择一根 Iso 线，在 Surfaces 模块下执行 Edith Curves→Duplicate Surface Curves（复制曲线上的曲面）命令，从圆柱上提取一根曲线，给曲线清除历史记录，删除圆柱模型，得到一根螺旋的曲线，如图 2-8 所示。

图 2-7

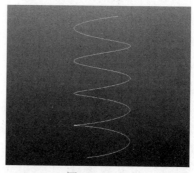

图 2-8

最后，将曲线沿 Y 轴缩放，使其变得紧凑，效果如图 2-9 所示。

到此，弹簧的曲线就创建完成了。接下来，选择曲线并在 Surfaces 模块下执行 Surfaces →Extrude 命令，如图 2-10 所示。

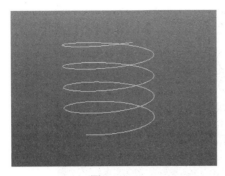
图 2-9

图 2-10

Extrude 属性设置如图 2-11 所示。设置完成后，弹簧模型就创建完成了，如图 2-12 所示。

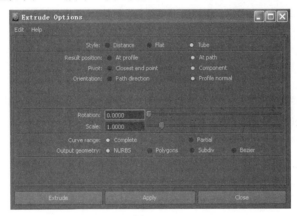
图 2-11

由于模型是通过轮廓线沿路径曲线挤压产生的，所以在模型和这些曲线之间存在创建历史，改变曲线的状态，模型也会随之改变。移动、旋转、缩放弹簧曲线，模型都会跟随曲线运动。

注意，这里再创建的晶格，不再是为了模型创建，而是为了曲线创建 Lattice（这一点很重要），要将晶格的分段数量全部调整到 2，也就是最少段数，以方便控制。拖动 Lattice 的点，这时弹簧伸缩的效果就正确了，如图 2-13 所示。

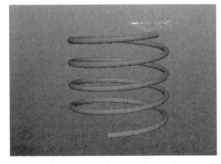
图 2-12

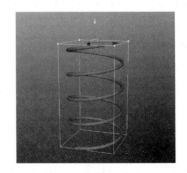
图 2-13

晶格的属性参数如图 2-14 所示，下面对各个参数进行详细介绍。

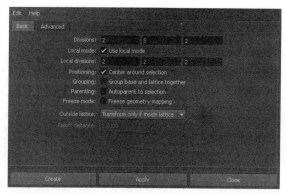

图 2-14

1）Divisions（分割数）：沿 S、T、U 方形设定晶格的细分数目。参数越大，得到的晶格点越多，变形效果也越精细。

2）Local mode（局部模式）：勾选此复选框，每个晶格点仅影响距离自己较近的顶点或 CV；取消勾选，则每个晶格点可以影响物体上所有的顶点或 CV。

3）Local divisions（局部分割数）：设定每个晶格点影响的范围，衡量的单位是晶格细分单元。例如，设定 Local divisions（局部分割数）为 3，那么每个晶格点只能影响 3 个分割度内的物体的顶点或 CV。

4）Positioning（放置）：设定晶格的位置。勾选 Center arround selection（居中环绕所选对象）复选框，可使晶格包围所选对象；取消勾选，则晶格被放置在场景的原点处。一般情况下勾选该复选框。

5）Grouping（群组）：设定是否群组（Group）基础晶格（ffd Base）和影响晶格（ffd Lattice）。

6）Parenting（父化）：勾选该复选框，可设定晶格为被变形物体的子物体。

7）Freeze mode（冻结模式）：勾选该复选框，则变形物体将被冻结，并只受晶格影响。此时，移动、旋转、缩放对于变形物体来说都失效，变形物体保持不变。只有变换晶格时，变形物体才会被改变。

8）Outside lattice（晶格以外）：设定晶格的影响范围，有以下几个选项。

①Tranform only if inside lattice（只变形晶格内的点）。

②Tranform all points（变形所有点）：选择该选项，则晶格影响变形物体上的所有顶点或 CV。

③Transform if within falloff（变形衰减范围内的点）：选择该选项，则晶格影响在衰减范围内的顶点或 CV。

9）Falloff distance（衰减距离）：设定晶格的影响范围，衡量的单位是晶格细分单元。所有在该衰减范围内的点都将受到晶格的影响，不论其是否在晶格内部。在该衰减范围外的点不受晶格影响。

打开 Outliner（大纲列表），可以看到新生成了 ffd2Lattice 和 ffd2Base 两个节点，如图 2-15 所示。

ffd2Lattice 就是晶格本身，通过改变它的形状来影响被控制的物体。ffd2Base 是晶格的控制范围，调节它的大小可以改变晶格对物体的影响范围。在平时应用中改变晶格的大小，要同时选择两个节点，同时进行缩放。

弹簧的晶格创建完成了，同时选择晶格上面的 4 个点，向上移动，这时弹簧拉伸了，而且效果很理想，如图 2-16 所示。

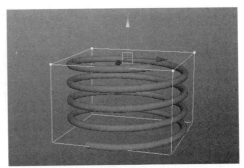

图 2-15　　　　　　　　　　　　　图 2-16

5. Cluster（簇）控制晶格点

通过调整晶格点实现了弹簧的拉伸，但是这样不方便操作，相对于选择点，物体或虚拟物体更好选择。在 Maya 中，无论顶点（Vertex）、控制点（CV）还是晶格的控制点，都无法做父子关系，也就是不能直接受到其他物体的控制，这里可以通过为这些点创建 Cluster 来间接地实现与其他物体的父子关系。

选择 Lattice 上方的 4 个点，在 Animation 模块中执行 Create Deformers→Cluster（簇）命令，为晶格点创建 Cluster，如图 2-17 所示。

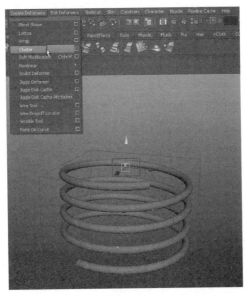

图 2-17

在图 2-17 中看到的 "C" 就是为 Lattice 点创建的 Cluster，也就是簇的控制手柄。移动、旋转、缩放这个手柄都会影响晶格。

6. Cluster（簇）

Cluster 的功能是为顶点或控制点创建 Cluster，使之受 Cluster 的影响。Cluster 的选项窗口如图 2-18 所示。

图 2-18

下面对选项窗口中的选项进行详细介绍。

1）Mode（模式）：勾选 Relative（相对）复选框，则只有簇会影响变形，簇的父物体的变换不会影响变形效果；取消勾选，则簇的父物体的变换将影响变形效果。

2）Envelope（封套）：设定变形作用系数。该参数值越小，变形器对物体的影响力越小；该参数越大，变形器对物体的影响力越大。

7.为弹簧添加控制器

为了方便操作，为 Lattice 的顶点创建了 Cluster。尽管如此，弹簧的绑定还没有完成。Cluster 的创建虽然省去了选择晶格点的麻烦，但是在动画的制作场景中会有很多物体，Cluster 的选择级别很低，不容易被选中，而且 Cluster 也不是有效的控制器，因此为了更加方便动画师 key 动画，要为被绑定的物体添加控制器。

一般地，使用在 Maya 场景中可见的物体、曲线或虚拟物体作为被绑定物体的控制器。由于物体具有渲染属性，即渲染时最终效果可见（但曲线和虚拟物体渲染时不可见），所以通常使用曲线和虚拟物体作为控制器。其中，曲线相对于虚拟物体在形状上更容易控制，因此控制器通常以曲线为主。

1）执行 Create→NURBS Primitives→Cricle 命令，创建一个圆环。这个圆环将来就是一个控制器，如图 2-19 所示。

2）把晶格和簇打组。选择晶格和簇，执行 Edith→Group（也可以使用快捷键<Ctrl+G>命令为其成组，即成为 group 1。然后，继续为圆环打组，重复上述操作，成为 group 2，如图 2-20 所示。

3）选择 group 2，使用移动工具，按住<V>键，点吸附到弹簧顶端 Cluster 的位置。现在查看右侧属性通道，group 2 的 TranslateX 有数值了，如图 2-21 所示。

4）选择圆环，查看右侧属性，没有一个属性带有数值，圆环上的数值被群组继承了。这样做圆环的位置改变了，且在属性通道不会产生数值。

5）用同样的方法创建一个控制器，放在弹簧的底部，如图 2-22 所示。

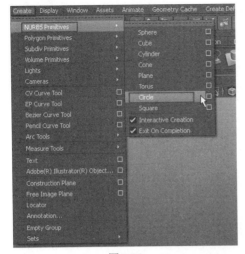

图 2-19

图 2-20

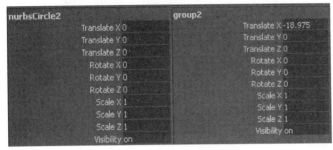

图 2-21

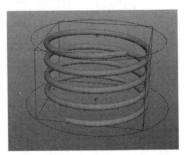

图 2-22

任务2 对弹簧进行父子关系设置

1）选择弹簧顶部的簇变形，加选环形控制器。单击执行 Edit→Parent（也可按<p>键（小写））命令，创建父子关系。打开 Outliner 可以看到顶部的簇变形已经在顶部环形的层级之下了，这表明，簇成为了环形的子物体，并且为改变位置的簇自动创建了一个组 group 4。这并不用担心，因为这个组是为了防止簇的功能发生改变才被加上的，不会对弹簧的效果有任何影响，如图 2-23 所示。

Parent（创建父子关系），这个命令很形象，就是在选择的对象之间创建父子关系。创建时，无论多少对象，最后选择的对象为父物体。父子关系创建后，所有的子对象跟随父一级对象变换（移动、旋转、缩放）。选择父物体时，会将父物体层级下的子物体一并选中。

可以这样理解父子关系：有一群人，上到了一辆大巴车上，这时大巴车就是父物体，车上的人就是子物体。大巴车开动，从甲地行驶到乙地，车上的人也从甲地到了乙地。大巴车相对于它的上个层级——世界来说，发生了位移，而车上的人相对于他们的上个层级——大巴车来说，没有发生位移，但是相对世界来说，也发生了位移。

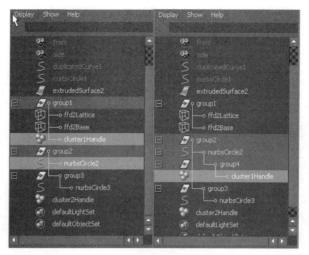

图 2-23

通过上面的例子可以得出，子对象跟随父对象变换，父对象本身的属性（移动、旋转、缩放）发生了变化，在通道栏中的属性也有了数值。而子对象相对于父物体没有发生变换，只是跟随父对象，所以子对象本身的属性没有变化。

在绑定中，父子关系的应用非常频繁，父子关系的操作简单，而且父子关系创建后，子对象跟随父对象变换，同时子对象也可以随意地变换，这就为很多问题提供了解决的方法。

上面讲到了弹簧顶部的控制，接下来完成弹簧底部的控制。使用相同的方法，选择底部的簇，按住<Shift>键，加选底部的圆环，执行 Edit→Parent 命令，创建父子关系。

上下两端的控制头添加完成后，测试一下，如图 2-24 所示。

2）现在弹簧的两端都可以单独地移动了。这样距离弹簧控制器的添加完成只有一步了，即实现弹簧的整体变换。现在弹簧的两端是自由的两个控制器，它们之间没有任何关系，那么要使弹簧整体从一个地点移动到另一个地点，只能同时选择两个控制器来移动。如果想要弹簧整体旋转一个角度，此时无法实现，也就说明到此弹簧的绑定还没有完成。

解决上述问题其实很简单，只需要将顶端控制器的组"p"给底端的控制器，或将底端控制器的组"p"给顶端控制器，由于操作习惯，所以通常使用前者，如图 2-25 所示。

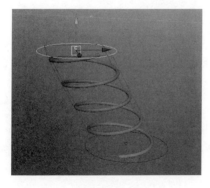

图 2-24

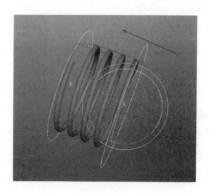

图 2-25

任务3　为弹簧添加控制器和整理文件

绑定弹簧时很多物体都是辅助控制的，绑定完成后，这些辅助的物体在场景中继续显示显得场景很混乱，而且误操作的话也会发生意想不到的后果，因此绑定完成后要清理场景，将辅助的物体进行隐藏，不在场景中显示。

绑定弹簧时的 Lattice 和 Cluster 在创建模型时作为路径和轮廓的曲线，都是辅助控制的物体，这些直接隐藏即可。

同时，选择创建模型时的辅助曲线、晶格及晶格的组、簇及簇的组和圆环的组。在右侧属性通道栏里，将 Visibility 属性改为"off"，或使用快捷键<Ctrl+H>，如图 2-26 所示。

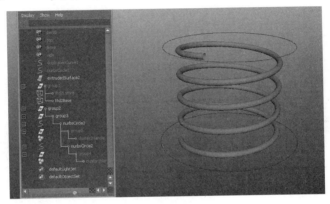

图 2-26

这时场景中只剩下弹簧模型和控制器，这样就干净、美观多了。最后，为了大纲也干净整洁，且方便其他人使用，需要把所有的物体和节点统一打一个组。这样，打开大纲就只剩下一个组了，场景和大纲整理完毕。

 项目小结 《

本项目对弹簧模型的绑定进行了学习。弹簧绑定是道具绑定中最基础、最简单的绑定之一，通过对本项目的学习，可以对道具的绑定有一定的了解和认识，为日后学习人物的绑定打下基础。

 实践演练 《

1）熟练运用本项目所学的内容，自行创建弹簧并进行绑定。

2）要求：

①按照本项目所学的知识给弹簧进行绑定。

②对模型添加控制器并整理文件。

项目 3 绑定液压杆

项目描述 《

对液压杆的绑定属于基础知识范畴，首先了解一下液压杆的工作原理，熟悉被绑定物体的机械原理，才能使绑定效果流畅、自然。液压杆在生活中的应用很普遍，如汽车避震器、汽车后备箱的支撑杆、挖掘机上的液压伸缩装置等，如图 3-1 所示。

图 3-1

项目分析 《

液压杆工作的直接效果就是拉伸和压缩，在拉伸和压缩时，液压杆的两端会随着与其相连的物体来回摆动。可以看到上端运动时，整个液压杆以下端为中心进行摆动；下端运动时，整个液压杆以上端为中心进行摆动。也就是说，液压杆的套筒和活塞杆的中心点分别在液压杆的两端，并且彼此以对方为目标在摆动。现实中这样的效果是因套筒和活塞杆都是实际存在的物体，所以这两个物体套在一起，一个物体运动就会碰撞另一个物体，使另一个物体跟随运动。在 Maya 中创建的模型在没有动力的情况下是不会发生碰撞的（注：有动力的碰撞只有在播放动画时才能起作用，不符合绑定的要求），所以要实现这样的效果需通过约束来实现。

本项目中的具体任务及流程简介见表 3-1。

表 3-1　项目 3 任务简介

任务	流程简介
任务 1	制作液压杆模型
任务 2	对液压杆进行约束控制，添加控制器和整理文件

注：项目教学及实施建议 16 学时。

1）在 Animation 模块下，执行 Constraint→Point 命令。

Point（点约束）：目标物体约束被约束物体，被约束物体跟随约束物体移动。点约束控制被约束物体的 Translate（移动）属性。点约束后，被约束物体的 Translate 属性和在场景中的位置同目标物体保持一致。

2）在 Animation 模块下，执行 Constraint→Orient 命令。

Orient（方向约束）：方向约束的方法和作用与点约束类似，只是 Orient 约束的是被约束物体的 Rotate（旋转）属性。

3）在 Animation 模块下，执行 Constraint→Aim 命令。

Aim（目标约束）：被约束物体在执行约束命令后不会发生位移变化，而目标物体发生位移变化时，被约束物体会自身发生旋转，并且旋转的目标始终都是目标物体，就像一双眼睛一直盯住一个物体，当物体发生位置变化或移动时，眼球也会跟随其一同旋转一样。

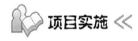

任务 1 制作液压杆模型

1）液压杆的模型比较简单，为了加深印象，更好地理解液压杆的原理，大家自己动手创建模型。

创建一个 Polygons 的球，再创建一个 Polygons 的圆环，调整圆环的厚度，然后使用缩放工具将圆环拉长，作为液压杆的套筒，如图 3-2 所示。

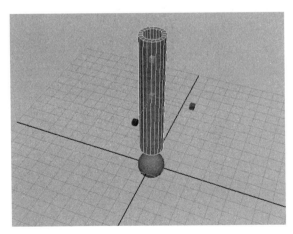

图 3-2

2）使用移动工具将套筒放置在球体的上方，与球体贴合。创建一个圆柱，将粗细缩放到和套筒中心的空洞大小一致，然后将圆柱的长度缩放到和套筒相当，作为活塞杆。这样，一个简单的液压杆就制作完成了，如图 3-3 所示。

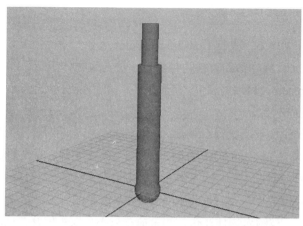

图 3-3

任务 2　对液压杆进行约束控制、添加控制器和整理文件

1）先来移动套筒的中心点，在这个例子中套筒和下面的球体一起运动，因此旋转轴就是球体的中心。选择球体，按<Ctrl+A>组合键，打开其属性，选择 pSphere 1 标签，单击 Display 下拉按钮，勾选 Display Local Axis 复选框，显示球体的自身轴心，如图 3-4 所示。

图 3-4

2）选择套筒，按<Insert>键，激活模型轴心操作手柄，然后按住<V>键，单击鼠标中键，将套筒中心吸附到球体中心位置，再按<Insert>键锁定套筒轴心。

活塞杆的旋转中心就在自身的最顶端，选择活塞杆，按照上面的方法将活塞杆的轴心吸附到最顶端，如图 3-5 所示。

3）创建两个 Locator，分别点吸附到球体中心和活塞杆的顶端。将 Locator 1 命名为 yeyagan_Don_Locator（在球体中心位置），将 Locator 2 命名为 yeyagan_Up_Locator（在活塞杆顶端）。

Locator 定位器在场景中可见，但是渲染时不会被渲染出来，所以通常使用 Locator 作为约束的目标。

选择 yeyagan_Don_Locator，按<Shift>键，加选球体模型，在 Animation 模块下执行 Constrain→Point 命令，点约束球体模型，使球体的位移受 yeyagan_Don_Locator 的控制。

选择 yeyagan_Don_Locator，按<Shift>键，加选球体模型，在 Animation 模块下执行 Constrain→Orient 命令，约束球体模型，使球体的旋转受 yeyagan_Don_Locator 的控制。

这时移动或旋转 yeyagan_Don_Locator，球体跟随其运动。

使用相同的方法，用 yeyagan_Don_Locator 点约束、方向约束套筒，再用 yeyagan_ Up_ Locator 约束活塞杆模型。

4）选择 yeyagan_Don_Locator，加选 yeyagan_Up_Locator，执行 Aim（目标）约束，这时在 Aim 约束的选项窗中勾选 Maintain Offset 复选框，保持偏移就不用修改 AimVector 和 Up Vector 了，Maya 会自动保持被约束物体的偏移。此时拖动 yeyagan_Don_Locator，即可看到活塞杆运动正常，如图 3-6 所示。

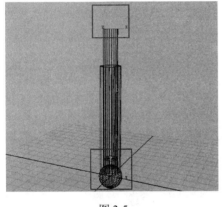

图 3-5

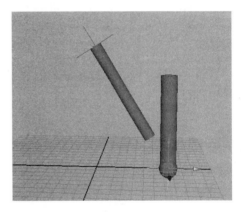

图 3-6

5）用 yeyagan_Up_Locator 目标约束 yeyagan_Don_Locator，拖动 yeyagan_ Up_Locator，套筒的运动也正常了，如图 3-7 所示。

6）执行 Create→NURBS Primitives→Circle 命令，创建一个圆环，给圆环打个组，将圆环的组点吸附到活塞杆的顶端，如图 3-8 所示。

7）打开 Outliner，将 nurbsCircle1 重命名为 yeyagan_ConUp，将它的组命名为 yeyagan_ ConUp_G。选择 yeyagan_ConUp，加选 yayagan_locator_Up，在 Animation 模块下执行 Constraint →Point 命令，用控制器点约束 yayagan_locator_Up。

为弹簧添加控制器时，将控制 Lattice 的 Cluster 作为控制器的子物体，这里用点约束是为了控制被绑定的物体，也可以用父子关系的方法，用点约束是为了让大家学习新的方法。

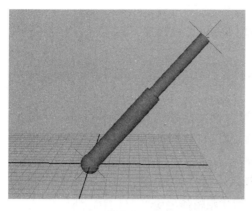

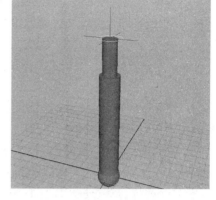

图 3-7　　　　　　　　　　　　　　　图 3-8

执行 Create→NURBS Primitives→Circle 命令，创建一个圆环，给圆环打个组，将圆环的组点吸附到球体的中心。此时可以看到圆环太小了，为了方便选择，通过缩放圆环的组，将控制器放大。缩放圆环的组，圆环随之缩放，但圆环自身的缩放属性不会改变，如图 3-9 所示。

8）打开 Outliner，将 nurbsCircle 命名为 yeyagan_ConDon，将它的组命名为 yeyagan_ConDon_G。选择 yeyagan_ConDon，加选 yeyagan_locator_Don，在 Animation 模块下执行 Constraint→Point 命令。到此下端控制器添加完成。

移动两端的控制器，液压杆开始变化了，注意控制器和液压杆的方向，如图 3-10 所示。这是因为活塞杆在被 Aim 约束后，其方向被目标物体控制，始终盯着目标物体。而控制器通过移动控制活塞杆，控制器的方向不受任何控制，因此出现了方向上的不一致，这种效果也是我们想要的。液压杆一般都是某个大道具的一部分，它的两端连接在其他装置上，这些装置在移动时带动液压杆运动，且它们有属于自己的方向。

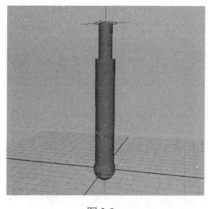

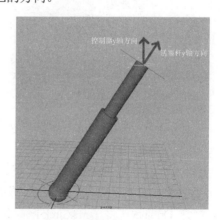

图 3-9　　　　　　　　　　　　　　　图 3-10

9）为了区分总控制器与局部控制器，总控制器选择方框。Maya 默认创建出来的方框，每个边都是断开的。

操作方法：执行 Create→EP Curve Tool 命令，打开其属性窗，将 Curve degree 设置为 1Linear，如图 3-11 所示。

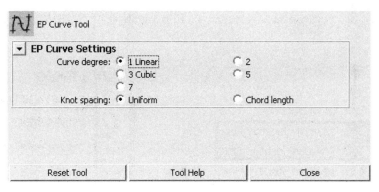

图 3-11

10）设置完成后将属性窗口关闭，按住<X>键，进行网格吸附，在网格上单击鼠标左键创建曲线，合拢后按<Enter>键确定。然后，打开 Outliner，将 curve1 命名为 yeyagan_Root。选中 yeyagan_ConUp_G 和 yeyagan_ConDon_G，在大纲中将它们拖放到 yeyagan_Root 下，如图 3-12 所示。

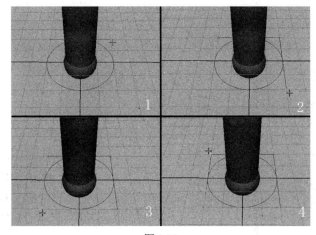

图 3-12

11）一套完整的绑定，一定要整理层级，若只是完成控制，而整个文件内部非常零乱，那么这套绑定是失败的。

按照弹簧绑定的层级整理方法整理这个文件。首先隐藏不必要在场景中显示的物体。在这个文件中，液压杆两端的 Locator 就是中间过渡控制的物体，制作动画时不会被用到，选择这两个 Locator，按<Ctrl+H>组合键，将其隐藏。被隐藏的物体在 Outliner 中，名字是深蓝色的，如图 3-13 所示。

创建 5 个空组，命名为：

yeyagan

yeyagan_st

yeyagan_mo

yeyagan_tx

yeyagan_fx

将 yeyagan_st、yeyagan_mo、yeyagan_tx 和 yeyagan_fx 4 个组拖放到 yeyagan 组中，如图 3-14 所示。

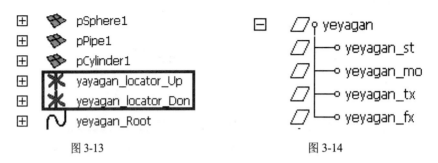

图 3-13   图 3-14

把液压杆模型拖放到 yeyagan_mo 组中。液压杆两端的 Locator 不在 yeyagan_Root 下，所以要把它们拖放到 yeyagan_st 下，如图 3-15 所示。

12）创建两个 Locator，分别放入 yeyagan_tx 组和 yeyagan_fx 组中，以防止在优化创建时将空组优化掉，如图 3-16 所示。

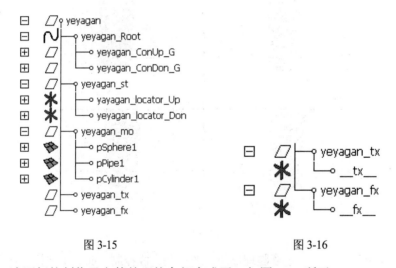

图 3-15   图 3-16

至此，液压杆的制作及文件整理就全部完成了，如图 3-17 所示。

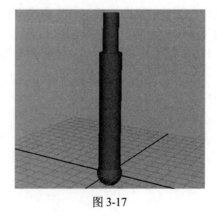

图 3-17

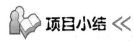 项目小结 ≪

　　对液压杆的绑定属于基础知识范畴，通过本项目的学习，可以了解绑定的基本方法，理解层级关系，熟知命令功能，为复杂的动画绑定打下坚实的基础。

 实践演练 ≪

　　1）制作打气筒的绑定设置。
　　2）要求：
　　①创建一个打气筒模型。
　　②熟练运用约束关系，正确绑定模型。

项目4 绑定《侠岚》动画主要角色辗迟

 项目描述 ≪

做关键帧动画经常要用到各种控制器，它们驱动着相对应的骨骼，通过控制器上的控制通道来使动画角色具有生命力。制作设置一套相对完整的人体骨骼一直是初学者的难题，本项目将学习如何制作一套完整的角色绑定，以便更好地服务于动画人员调试动作，从而为角色赋予生命。

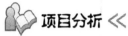 **项目分析** ≪

1）人体骨骼概念：成人骨骼由 206 块骨骼组成，骨骼的作用是保护内脏、支撑身体和运动等。在虚拟世界中骨骼的作用是支撑身体和运动。我们只有了解了骨骼的结构才能按照现实中的人体骨骼关节位置放置骨骼点，从而控制模型。

2）检查模型：为角色创建骨骼之前必须对模型进行检查，检查模型有无穿帮，看模型布线是否符合要求，如果模型的布线太少或位置不正确（角色的特殊要求除外），那么将导致角色运动不正常。其次，要看模型的历史节点是否清除干净。

3）创建躯干骨骼及装配：按照角色身体的关节位置创建躯干部位的骨骼。在人体的所有骨骼中，躯干骨骼是最基本的，它决定了根骨骼、腰部骨骼、胸骨骼以及控制器的位置。根骨骼在腰部的位置，也就是人的重心所在。合理地摆放骨骼点有助于提高角色动作的合理性。

4）下肢骨骼的创建和控制：下肢（即腿部和脚部）骨骼创建的起始端在大腿的根部，真实的人体也是如此，当我们抬起大腿时，小腿也会跟随运动，因此大腿根部为下肢骨骼的根关节。

5）手臂和手指的骨骼设置：上肢的辅助骨骼创建方法与下肢相同。通过 IKFK 骨骼的相互切换来实现对角色动作的控制。

6）头部骨骼设置：头部骨骼设置包括眼睛和颈部的骨骼设置。

7）整理文件层级关系：整理层级关系可以使文件更加整洁有序。

8）为角色蒙皮并绘制权重：蒙皮在三维动画中发挥着巨大的作用，蒙皮是将骨骼与模型进行关联，从而使骨骼带动模型一起产生运动。

本项目中的具体任务及流程简介见表 4-1。

表 4-1 项目 4 任务简介

任务	流程简介
任务 1	人体骨骼的概念
任务 2	检查模型

（续）

任务	流程简介
任务 3	创建躯干骨骼及装配
任务 4	下肢骨骼的创建和控制
任务 5	手臂和手指的骨骼设置
任务 6	头部骨骼及配件设置
任务 7	整理文件层级关系
任务 8	为角色蒙皮并绘制权重

注：项目教学及实施建议 48 学时。

知识准备

1. Joint Tool（创建骨骼）

1）功能说明：用来创建骨骼的工具。

2）操作方法：单击工具后，出现十字状手柄，在场景中的不同位置连续单击，然后按 <Enter> 键结束。

3）常用参数解析：执行 Skeleton（骨骼）→Joint（关节工具）→▣（选项窗口）命令，如图 4-1 所示。

2. IK Handle Tool（反向动力学手柄工具）

1）功能说明：创建反向动力学手柄。

2）操作方法：确认场景中已经创建了骨骼，单击反向动力学手柄工具，从父级到子级单击创建。

3）常用参数解析：执行 Skeleton（骨骼）→IK Handle Tool（IK 手柄工具）→▣（选项窗口）命令，如图 4-2 所示。

图 4-1

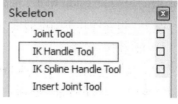

图 4-2

3. Mirror Joint（镜像关节）

1）功能说明：镜像复制关节，连同关节属性，IK 手柄等也会被自动镜像复制。

2）操作方法：选择要镜像的关节单击执行。

3）常用参数解析：执行 Skeleton（骨骼）→Mirror Joint（镜像关节）→▣（选项窗口）命令，如图 4-3 所示。

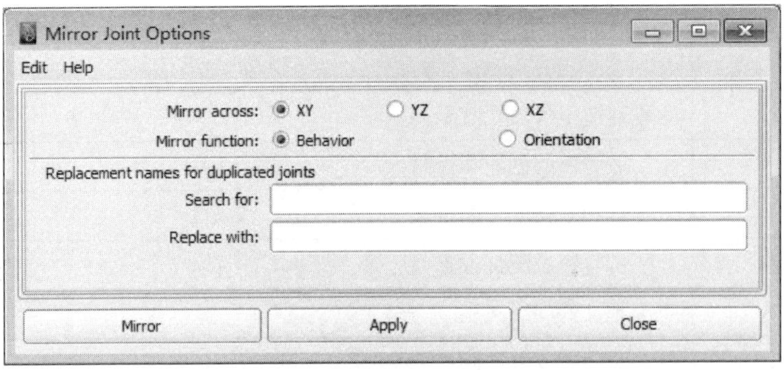

图 4-3

小注解：
镜像关节前需要先将骨骼依次命名，然后再做镜像。

下面详细介绍选项窗口中各选项的含义。

①Mirror across（镜像轴向面）：选择镜像骨骼轴向，镜像轴有 3 个，分别为 XY、YZ、XZ 方向。

②Mirror function（连接功能）：选择镜像复制后骨骼的方向，有以下两个单选按钮。

Behavior（行为）：镜像复制的骨骼方向（局部坐标轴方向）和原始骨骼相反。

Orientation（方位）：镜像复制的骨骼方向（局部坐标轴方向）和原始骨骼相同。

③Replacement names for duplicated joints（替换镜像关节名称）：有以下两个文本框。

Search for（查找）：查找要替换的骨骼名称的关键词，可以包括前缀、后缀、中间部分等。

Replace with（替换）：替换镜像时，Search for 选择的骨骼名称。

4. Smooth Bind（柔性绑定）

1）功能说明：将骨骼和模型柔性绑定，变换骨骼可以得到较为平滑的皮肤变形效果。柔性绑定是相对于刚性绑定（Rigid Bind）而言的，柔性蒙皮每个关节的影响力的大小取决于关节与点的接近程度，也允许几个临近的关节对相同的蒙皮点（NURBS 曲面的 CVs、多边形顶点或晶格点）同时作用。

2）操作方法：选择要绑定的模型或晶格，再按<Shift>键选择骨骼，然后单击执行。

3）常用参数解析：执行 Skin（蒙皮）→Bind Skin（蒙皮绑定）→Smooth Bind（柔性绑定）→■（选项窗口）命令，如图 4-4 所示。

5. Paint Skin Weight Tool（绘制蒙皮权重工具）

1）功能说明：使用此工具可以直观、快捷地绘制蒙皮权重，从而解决皮肤变形问题。

2）操作方法：在实体显示模式下，选择蒙皮后的模型，单击执行，然后在 Paint Skin Weight Tool 选项窗口的 influence（影响值）栏中选择关节，绘制权重。

3）常用参数解析：执行 Skin（蒙皮）→Edit Smooth Skin（编辑柔性蒙皮）→Paint Skin Weight Tool（绘制蒙皮权重工具）→■（选项窗口）命令，如图 4-5 所示。

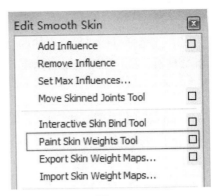

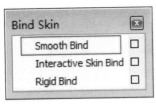

图 4-4　　　　　　　　　　　　　　　图 4-5

6. Set Driven Key（设置驱动关键帧）

1）功能说明：用 A 物体的甲属性驱动 B 物体的乙属性，即改变 A 的属性，B 也会随之改变。驱动值的大小建立在设定关键帧的基础上，甲、乙属性可以是多个属性。A 物体称为驱动物体，B 物体称为被驱动物体。

2）操作方法：打开选项窗口，载入驱动物体和被驱动物体，调整属性，单击 Key 按钮即可。

3）常用参数解析：执行 Animate（动画）→Set Driven Key（设置驱动关键帧）→Set 命令，如图 4-6 所示。

图 4-6

小注解：

驱动关键帧与时间无关，是属性驱动属性产生的变化。

7. Point Constrain（点约束）

1）功能说明：点约束控制一个物体（即被约束物体），使其跟随另一个物体（即目标物体）运动。如果有多个目标物体，则物体将被约束到这些目标物体的平均位置，并跟随这些物体移动。

2）操作方法：先选择目标对象，再加选被约束对象，然后单击执行。

3）常用参数解析：执行 Constrain（约束）→Point Constrain（点约束）→■（选项窗口）命令，如图 4-7 所示。

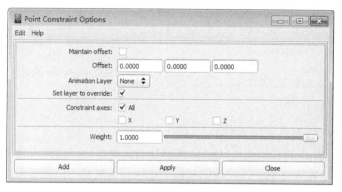

图 4-7

下面对选项窗口中的部分选项进行介绍。

①Maintain Offset（保持偏移）：勾选此复选框，则无法调整被约束物体的位置偏移，Maya 会自动保持其偏移量；取消勾选，则可以在 Offset 文本框中修改被约束物体的偏移量。

②Offset（偏移）：分别在不同轴向设定偏移量的数值。

③Constraint axes（约束轴向）：All 复选框被勾选时，被约束物体的 X、Y、Z 3 个位移轴都将受控于约束物体的相对的位移轴。也可以选择 X、Y、Z 单个轴向进行约束。

④Weight（权重参数）：预先输入约束物体对被约束物体在点约束控制时，权重值的大小。

小注解：

建立约束的顺序是先选择目标物体，再选择被约束物体，最后执行。如果被约束物体有多个目标物体，则打开通道盒 Input 设置约束权重值，这样可以分别控制目标物体对被约束物体的影响力。被约束物体被约束后通道栏显示为蓝色。

8. Orient（方向约束）

1）功能说明：约束物体的方向，使被约束物体的方向与目标物体的方向一致。通过旋转目标物体来控制被约束物体的方向。

2）操作方法：先选择目标对象，再选择被约束对象，然后单击执行。

3）常用参数解析：执行 Constrain（约束）→Orient Constrain（方向约束）→■（选项窗口）命令，如图 4-8 所示。

小注解：

Orient（方向约束）与 Point（点约束）命令选项相同，这里不再阐述。被约束物体被约束后，通道栏方向变为蓝色显示。

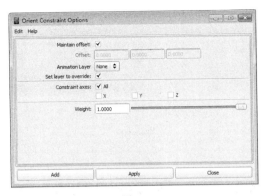

图 4-8

9. Parent（父子约束）

1）功能说明：在目标物体和被约束物体之间建立父子约束，被约束物体将跟随目标物体进行移动和旋转。

2）操作方法：先选择目标对象，再选择被约束对象，然后单击执行。

3）常用参数解析：执行 Constrain（约束）→Parent（父子约束）→■（选项窗口）命令，如图 4-9 所示。

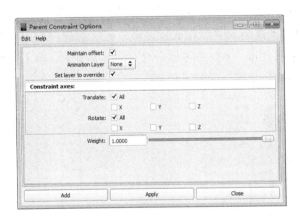

图 4-9

小注解：

使用 Parent（父子约束）和一般意义上的 Parent（父子关系）有所不同，如果建立父子关系，则一个对象最多只能有一个父对象，如果需要一个子对象有多个父对象，即受多个父对象影响，则可以使用 Parent（父子约束），可以使用多个目标物体控制一个被约束物体。

10. Pole Vector（极向量约束）

1）功能说明：控制 IK 旋转平面手柄的极向量。

2）操作方法：先选择目标对象，再选择 IK 手柄，然后单击执行。

3）常用参数解析：执行 Constrain（约束）→Pole Vector（极向量约束）→■（选项窗口）

命令，如图 4-10 所示。

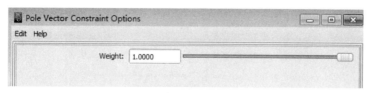

图 4-10

小注解：

Pole Vector（极向量约束）用于控制 IK 手柄的弯曲方向，常用于设置使用 IK 手柄的部位，如模型的肘部、膝关节等。

项目实施 ≪

任务 1　人体骨骼的概念

成人骨骼由 206 块骨骼组成，骨骼的作用是保护内脏、支撑身体、运动等，在虚拟世界中骨骼的作用是后两者。本任务主要是了解人体的骨骼结构，只有了解了骨骼的结构才能按照现实中的人体骨骼关节位置放置骨骼点，从而控制模型，如图 4-11 所示。

关于人体主要关节的分布，本任务主要学习并掌握躯干骨，躯干骨骼主要由椎骨组成，椎骨主要分为腰椎、胸椎、颈椎，如图 4-12 所示。

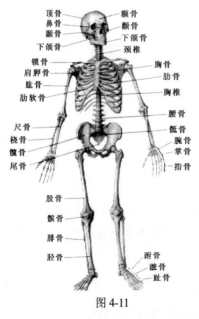

图 4-11

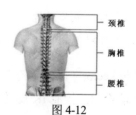

图 4-12

人体的四肢关节主要有上肢和下肢两部分。

上肢：胸锁关节、肩锁关节、肩关节、肘关节、腕关节、指关节。

下肢：髋关节、膝关节、踝关节、趾关节。

小注解：

这里所讲的都是和绑定有关的关节，其他与绑定关系不大的关节不涉及。

通过上述学习，大家应掌握人物的骨骼结构和关节位置，如图 4-13 所示，为角色绑定打下基础。

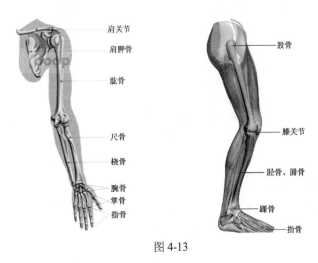

图 4-13

任务 2　检查模型

检查模型的操作步骤如下：

1）在工作区面板菜单中单击 Shading→Wireframe on Shaded（在实体上显示线框）命令。我们可以直观地看到模型的布线情况，要在每一个正交视图上检查模型的对称性、关节处的布线情况、人体肌肉走向是否保持一致以及有无三角面，如图 4-14 所示。

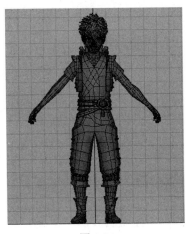

图 4-14

2）检查模型是否位于场景的中轴线上，即模型是否对称，如图 4-15 所示。

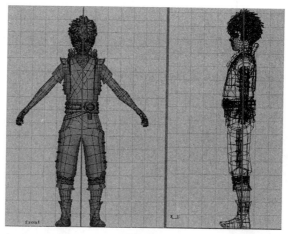

图 4-15

3）检查大腿根部的布线。当人行走或抬腿时，大腿根会弯曲形成夹角，因此这里的布线要密集，且要与人体肌肉的走向保持一致，如图 4-16 所示。

4）检查肩部布线。肩部布线要密集、匀称，且要与人体肌肉的走向保持一致，并且还要能够保证手臂放下时有足够的线使弯曲部位饱满，如图 4-17 所示。

图 4-16

图 4-17

5）检查肘部和手腕的布线，在关节转弯处最少要有 3 根线以满足弯曲需要，如图 4-18 所示。

6）切换到 side 视图，检查模型的脚面是否水平，并以全局坐标 y 轴的零点为参考地面，检查模型是否着地，以及膝关节脚踝布线是否密集、匀称，保证角色屈膝时模型能平滑过渡，如图 4-19 所示。

7）将视图切换到 top 视图，主要检查手部姿势，以及手指、指关节的布线是否密集、匀称，如图 4-20 所示。

8）在模型绘制骨骼之前先整理模型，选中所有的角色模型，执行 Modify→Freeze Transformations（冻结）命令，将选择物体的 Translate（位移）、Rotate（旋转）、Scale（缩放）属性清零，如图 4-21 所示。

9）执行 Edit→Delete by Type→History（历史记录）命令，删除模型的历史节点，如图 4-22 所示。

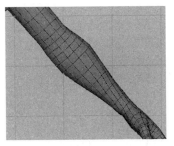

图 4-18

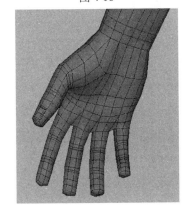

图 4-20

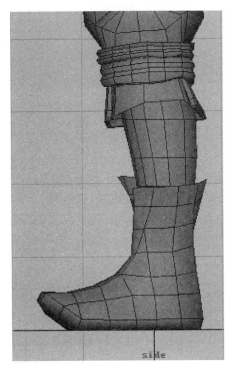

图 4-19

图 4-21

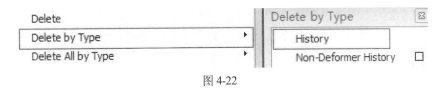

图 4-22

任务 3 创建躯干骨骼及装配

1）创建一个显示层，命名为 zhanchi_mo，把模型放入该层中，并将该层的显示设置为 template。这样可以根据躯干的形态创建骨骼，而又不会选到模型。从当前视图切换到 side 视图，骨骼创建时所在的视图非常重要，在 side 视图创建出的骨骼从根骨骼到末端骨骼都会保持在 x、y 轴的平面上，这样可以保证角色在弯腰时不会出现扭曲现象，如图 4-23 所示。

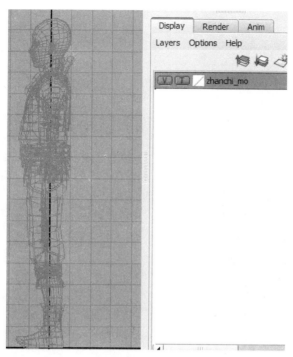

图 4-23

2）按照角色身体的关节位置创建躯干部位的骨骼。在人体的所有骨骼中，躯干骨骼是最基本的，它决定了根骨骼、胸骨骼以及控制器的位置。根据角色身体的长短确定角色骨骼的数量。躯干骨骼的组成：Root（根骨骼）、waistA（腰部 A）、waistB（腰部 B）、chest A（胸腔 A）、chest B（胸腔 B）。在 Animation 模块下执行 Skeleton（骨骼）→Joint（关节工具）→■（选项窗口）命令，打开 Joint Tool 属性对话框，将 Orientation 选项设置为 xyz，其他属性采用系统默认设置，效果如图 4-24 所示。

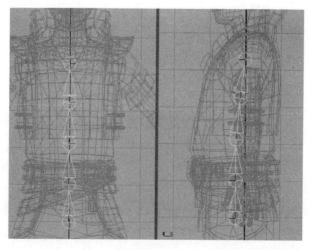

图 4-24

3）为角色骨骼命名。在绑定过程中，对骨骼进行命名是十分重要的，一个角色绑定会有很多的骨骼和控制器，如果没有规范的命名，则很容易搞混，日后修改起来也十分困难。规范的命名有很多种，前提是要根据项目组的要求来定，在这里介绍一种比较普遍的命名规范：角色名称_骨骼类型_左右_骨骼名称，如 zhanchi_IK/FK_L/R_root，如图 4-25 所示。

小注解：

骨骼不分左右的可将 L/R 省略。

4）创建躯干关节控制器。创建 5 个圆环作为控制器，分别选择圆环，然后按<V>键，点吸附到每节关节处。选择全部圆环，执行 Modify→Freeze Transformations（冻结）命令，进行冻结。最后为每一个圆环命名，如图 4-26 所示。

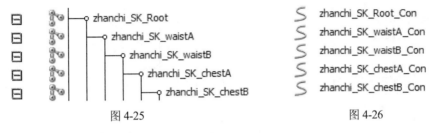

图 4-25   图 4-26

5）选择控制器 zhanchi_SK_Root_Con，按住<Shift>键，加选关节 zhanchi_SK_Root，执行 Constrain（约束）→Parent（父子约束）命令，打开选项框后，勾选 Offset（偏移值）复选框，此时根关节 zhanchi_SK_Root 被控制器 zhanchi_SK_Root_Con 所约束。选择根关节控制器，移动并旋转，观看结果，如图 4-27 所示。

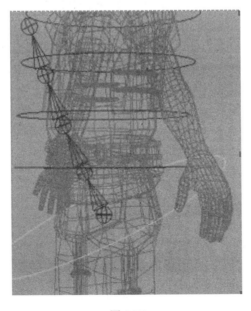

图 4-27

6）选择控制器 zhanchi_SK_waistA_Con，按住<Shift>键，加选关节 zhanchi_SK_waistA，执行 Constrain（约束）→Orient Constrain（方向约束）命令；选择控制器 zhanchi_SK_waistB_Con，按住<Shift>键，加选关节 zhanchi_SK_waistB，执行 Constrain（约束）→Orient Constrain（方向约束）命令；选择控制器 zhanchi_SK_chestA_Con，按住<Shift>键，加选关节 zhanchi_SK_chestA，执行 Constrain（约束）→Orient Constrain（方向约束）命令；选择控制器 zhanchi_SK_chestB_Con，按住<Shift>键，加选关节 zhanchi_SK_chestB，执行 Constrain（约束）→Orient Constrain（方向约束）命令，如图 4-28 所示。

7）选择控制器 zhanchi_SK_chestB_Con，进行打组并命名为 zhanchi_SK_chestB_Con_G。同理，依次选择其他控制器并进行打组和命名，并在名称后面加"_G"，代表组的意思，如图 4-29 所示。

zhanchi_SK_waistB	
Translate X	1.108
Translate Y	0
Translate Z	0
Rotate X	0
Rotate Y	0
Rotate Z	0

图 4-28

图 4-29

由于只做了控制器方向控制关节，所以一旦移动根关节，则控制器不同时移动，这时选择子层级控制器的组，成为上一父级关节的子物体。例如，选择控制器组 zhanchi_SK_chestB_Con_G，加选关节 zhanchi_SK_chestA，执行 Edit（编辑）→Parent（父子关系）命令，以此类推，全部创建父子关系，如图 4-30 所示。

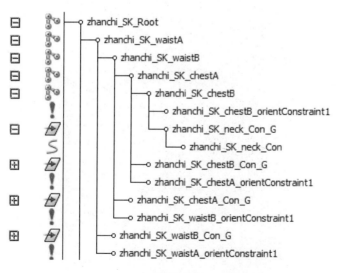

图 4-30

任务4 下肢骨骼的创建和控制

1）创建脚趾的活动关节和脚尖。如果在绘画骨骼的过程中断开了骨骼，则重新建立骨骼父子关系即可。切换到 front 视图，可以看到创建的骨骼在模型的正中央。选择大腿根骨骼，选择移动工具的"X"轴，将其移动到角色的左腿处。在前视图单击骨骼工具，按住<Shift>键单独创建一个骨骼点，这个骨骼点作为跨部骨骼使用，如图 4-31 所示。

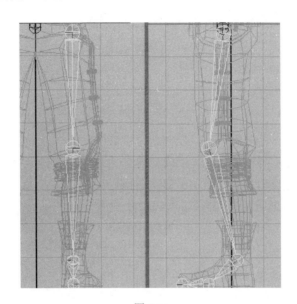

图 4-31

小注解：

腿部骨骼将来要创建 IK，IK 控制骨骼需要在骨骼创建时留出优先角度。当创建脚踝骨骼后，大腿根部、膝盖、脚踝这 3 个位置的骨骼点就形成了一个钝角，这个角度就是优先角度。

2）左腿的骨骼创建完成后，按照前面讲解的骨骼命名规则为下肢骨骼命名。Hip（大腿）、Knee（膝盖）、Ankle（脚踝）、Toe（脚掌）、ToeTip（脚尖）如图 4-32 所示。

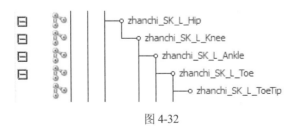

图 4-32

3）选择腿部根关节 zhanchi_SK_L_Hip，执行 Skeleton（骨骼）→Mirror Joint（镜像关节）命令，如图 4-33 所示。

图 4-33

4）IK Handle（反向动力学手柄）。反向动力学是相对于正向动力学而言的，正向动力学是指从父层级依次向子层级实施控制，反向动力学是通过调整子层级从而带动父层级运动。

以腿部的运动为例，走路时是大腿带动小腿，小腿带动脚在运动，这样的运动就是正向动力学。Maya 中提供的 IK Handle 是通过调整脚踝，从而带动大腿的运动。反向动力学的运用可以实现固定子层级而移动父层级的物体，为动画制作提供了更方便的操作。执行 Skeleton（骨骼）→IK Handle Tool（IK 手柄工具）命令，为角色的下肢创建IK Handle。IK Handle Tool的Current solver（当前解算器）的类型设定为ikRPsolver（IK 旋转平面解算器），因为腿部不仅能弯曲，还能旋转，如膝盖左右摆动，实际是旋转腿部的骨骼。而 ikSCsolver（IK 单链解算器）不能满足腿部运动的需求。在场景中，先用鼠标单击 zhanchi_SK_L_Hip，然后再单击 zhanchi_SK_L_Ankle。左腿 IK 创建完成，此 IK 命名为 zhanchi_L_HipAnkle_IKhandle，如图 4-34 所示。

5）单击 zhanchi_SK_L_Ankle，然后单击 zhanchi_SK_L_Toe，脚踝到脚趾的 IK 创建完成，此 IK 命名为 zhanchi_L_AnkleToe_IKhandle，如图 4-35 所示。

6）单击 zhanchi_SK_L_Toe，然后单击 zhanchi_SK_L_Toe_Tip，脚趾到脚尖的 IK 创建完成，此 IK 命名为 zhanchi_L_ToeTip_IKhandle，如图 4-36 所示。

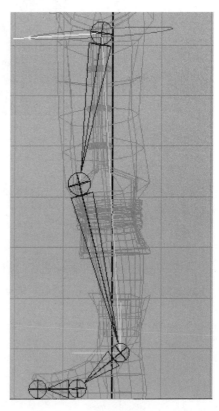

图 4-34

7）为 IK 打组，控制骨骼的整体旋转。通过旋转 IK 组从而达到脚上的变化。选择 zhanchi_L_HipAnkle_IKhandle 和 zhanchi_L_AnkleToe_IKhandle 并打组，按<Insert>键，将此组的中心点放在骨骼 zhanchi_SK_L_Toe 上，把此组命名为 zhanchi_L_ToeIKhandle_G，如图 4-37

所示。

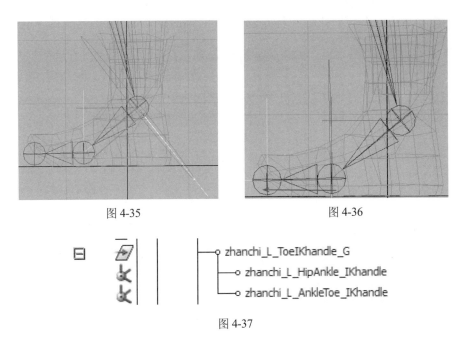

图 4-35   图 4-36

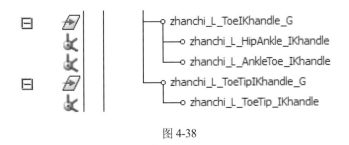

图 4-37

8）选择 zhanchi_L_ToeTip_IKhandle 并打组，按<Insert>键，将此组的中心点放在骨骼 zhanchi_SK_L_Toe 上，把此组命名为 zhanchi_L_ToeTipIKhandle_G，如图 4-38 所示。

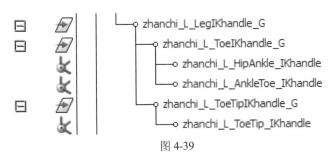

图 4-38

9）选择 zhanchi_L_ToeIKhandle_G 和 zhanchi_L_ToeTipIKhandle_G 并打组，按<Insert>键，将此组的中心点放在骨骼 zhanchi_SK_L_Toe_Tip 上，把此组命名为 zhanchi_L_LegIKhandle_G，如图 4-39 所示。

图 4-39

10）选择 zhanchi_L_LegIKhandle_G 并打组，按<Insert>键将此组的中心点放在骨骼 zhanchi_SK_L_Ankle 上，把此组命名为 zhanchi_L_AnkleIKhandle_G，如图 4-40 所示。

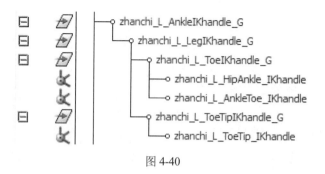

图 4-40

11）选择 zhanchi_L_AnkleIKhandle_G 并打组，按<Insert>键，再按<V>键，将此组的中心点放在鞋跟处，把此组命名为 zhanchi_L_footIKhandle_G，如图 4-41 所示。

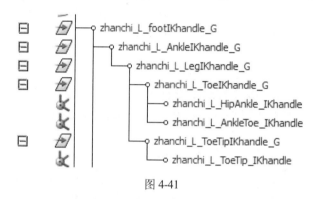

图 4-41

12）创建腿部控制器，通常选择应用曲线制作控制器，因为曲线本身是无法渲染的，而且曲线的运算速度比其他几何体快。在场景中创建一个圆环，调整圆环外形。控制器的外形有很多种，它主要是方便动画师制作动画的，所以外形要直观、干净且方便选择，效果如图 4-42 所示。

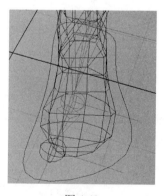

图 4-42

13）选择控制器，执行 Modify→Freeze Transformations（冻结）命令，将更改后的控制器的属性冻结，再执行 Edit→Delete by Type→History（清除历史记录）命令。将控制器命名为 zhanchi_SK_L_LegControl。然后，为 zhanchi_SK_L_LegControl 打组，将组命名为 zhanchi_SK_L_LegControl_G，如图 4-43 所示。

图 4-43

小注解：

组的创建是为了继承控制器的属性，打组以后控制器成为组的子物体，移动组时控制器也随之移动，但是控制器上不会有移动的属性。在绑定制作中要养成习惯，在控制器创建后为其打组，对控制器调整以后要冻结属性并清除历史记录。

14）为控制器添加属性，从而通过一个控制器里的多个属性，整体控制脚部的所有变化，具体如下：

①Ball——属性类型为浮点（float），控制 character_L_ToeIK handle_G，旋转 X 轴。

②Toe——属性类型为浮点（float），控制 character_L_ToeTip IKhandle_G，旋转 X 轴。

③AnkleRoll——属性类型为矢量（vector），控制 character_L_AnkleIKhandle_G，旋转 XYZ 轴。

④TipRoll——属性类型为矢量（vector），控制 character_L_ LegIKhandle_G，旋转 X、Y、Z 轴，如图 4-44 所示。

zhanchi_SK_L_LegContro	
Translate X	0
Translate Y	0
Translate Z	0
Rotate X	0
Rotate Y	0
Rotate Z	0
Ball	0
Toe	0
Ankle Roll X	0
Ankle Roll Y	0
Ankle Roll Z	0
Tip Roll X	0
Tip Roll Y	0
Tip Roll Z	0

图 4-44

15）打开驱动关键帧，用脚部控制器新添加的属性驱动 IK 组。首先，用 Ball 属性作为驱动者，驱动被驱动者 zhanchi_L_ToeIKhandle_G 的 Rotate X。当 Ball 为 0 时，Rotate X 为 0，设置驱动关键帧 Key；当 Ball 为 10 时，Rotate X 为 50，设置驱动关键帧 Key。控制以脚掌为旋转中心，旋转腿部，如图 4-45 所示。

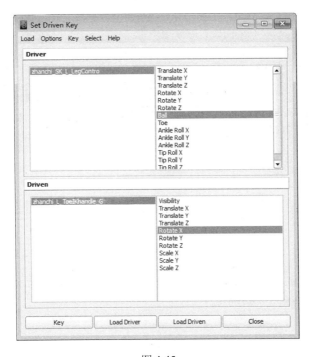

图 4-45

16）用 Toe 属性作为驱动者，驱动被驱动者 zhanchi_L_ToeTipIKhandle_G 的 Rotate X。当 Toe 为 0 时，Rotate X 为 0，设置驱动关键帧 Key；当 Toe 为 5 时，Rotate X 为-40，设置驱动关键帧 Key；当 Toe 为-5 时，Rotate X 为 40，设置驱动关键帧 Key。控制旋转脚尖动画，如图 4-46 所示。

17）用 Ankle Roll X、Ankle Roll Y 和 Ankle Roll Z 属性关联 zhanchi_L_AnkleIKhandle_G 的 Rotate X、Rotate Y 和 Rotate Z。打开关联编辑器，将 zhanchi_SK_L_LegContro 加载到 Outputs 栏中，将 zhanchi_L_AnkleIKhandle_G 加载到 Inputs 栏中。Ankle Roll X 关联 Rotate X、Ankle Roll Y 关联 Rotate Y、Ankle Roll Z 关联 Rotate Z，如图 4-47 所示。

18）用 Tip Roll X、Tip Roll Y 和 Tip Roll Z 属性关联 zhanchi_L_LegIKhandle_G 的 Rotate X、Rotate Y 和 Rotate Z。打开关联编辑器，将 zhanchi_SK_L_LegContro 加载到 Outputs 栏中，将 zhanchi_L_LegIKhandle_G 加载到 Inputs 栏中。Tip Roll X 关联 Rotate X、Tip Roll Y 关联 Rotate Y、Tip Roll Z 关联 Rotate Z，如图 4-48 所示。

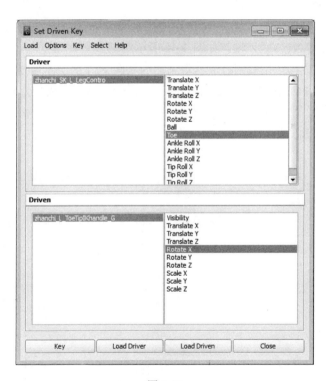

图 4-46

图 4-47

图 4-48

19）选择 zhanchi_SK_L_LegContro，加选 zhanchi_L_footIKhandle_G，执行 Constrain（约束）→Parent（父子约束）命令，勾选 Maintain Offect 复选框。这样脚上的所有控制全部锁定在一个控制器的所有属性上了，如图 4-49 所示。

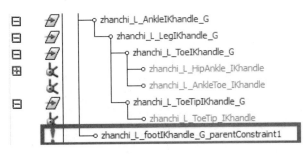

图 4-49

20）控制腿部膝盖旋转，制作极向量约束。创建一个 Locator 作为极向量的控制器，命名为 zhanchi_SK_L_LegPoleControl。为 zhanchi_SK_L_LegPoleControl 打组，并命名为 zhanchi_SK_L_LegPoleControl_G。选择控制器的组，移动到膝盖的前端，选择 zhanchi_SK_L_LegPoleControl，再加选 zhanchi_L_HipAnkle_IKhandle（IK 手柄），进行极向量约束，如图 4-50 所示。

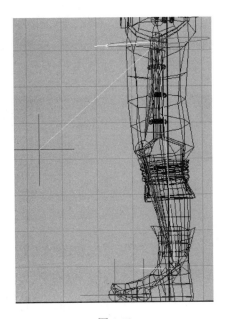

图 4-50

21）依照以上方法，制作右侧腿部 IK 及所有的相关控制器，如图 4-51 所示。

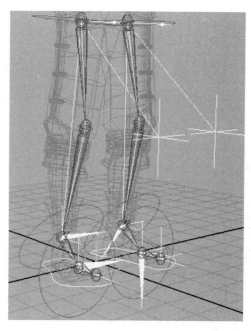

图 4-51

任务5　手臂和手指的骨骼设置

1）在前视图创建锁骨骨骼，单击骨骼工具进行创建。然后切换到侧视图，调整锁骨位置，按<Insert>键，单击移动工具，将锁骨移动到正确的位置。接着，在顶视图创建大臂骨骼，创建后切换到其他任意视图，观看骨骼所在位置是否正确，如需调整位置，则按<Insert>键，单击移动工具，将大臂骨骼移动到正确的位置，如图 4-52 所示。

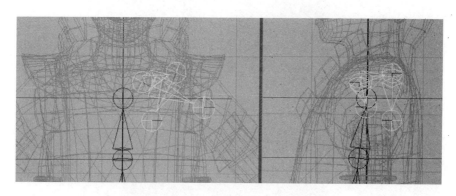

图 4-52

2）在顶视图创建肘部和手腕骨骼，单击骨骼工具进行创建。创建后切换到其他任意视图，观看骨骼所在位置是否正确，如需调整位置，则按<Insert>键，单击移动工具，将相应骨骼移动到正确的位置，如图 4-53 所示。

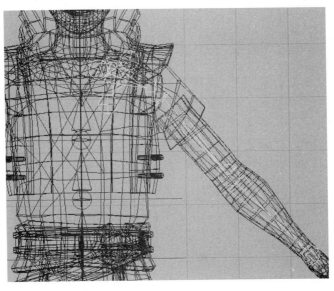

图 4-53

3）在侧视图创建五指关节，单击骨骼工具进行创建。创建后切换到其他任意视图，观看骨骼所在位置是否正确，如需调整位置，则按<Insert>键，单击移动工具，将手指骨骼移动到正确的位置，然后继续绘制直至完成，如图 4-54 所示。

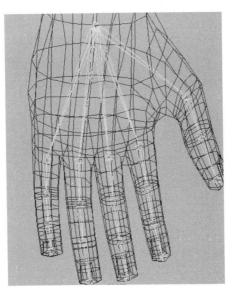

图 4-54

4）为锁骨（clavicle）、肩部（shouder）、肘部（elbow）、手腕（wrist）、拇指（thumb）、食指（index）、中指（middle）、无名指（ring）、小拇指（pinkie）骨骼命名。将手指的 4 个关节分别用 A、B、C、D 表示，如图 4-55 所示。

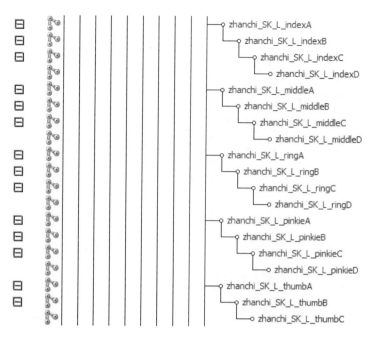

图 4-55

5）检查骨骼的局部坐标轴轴向。分别旋转各个关节，检查在旋转上是否符合角色运动的旋转方向。检查后，需要修改的骨骼有大拇指和手腕，如图 4-56 所示。

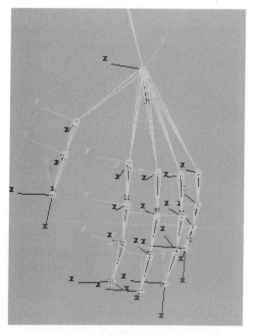

图 4-56

6）选择锁骨根关节 zhanchi_SK_L_clavicleA，执行 Skeleton（骨骼）→Mirror Joint（镜像关节）命令，如图 4-57 所示。

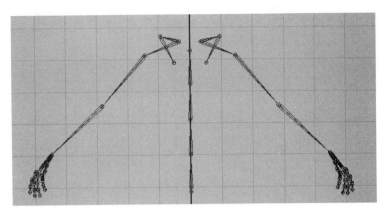

图 4-57

7）创建一个圆环控制器，作为锁骨控制器。调整控制器外形，为此圆环控制器命名为
zhanchi_SK_L_clavicle_Con。为这个圆环控制器打组并命名为 zhanchi_SK_L_clavicle_Con_G。
选择关节 zhanchi_SK_L_clavicleA，加选 zhanchi_SK_L_clavicle_Con__G，执行 Constrain（约
束）→Parent（父子约束）命令，不勾选 Maintain Offset（偏移值）复选框，如图 4-58 所示。

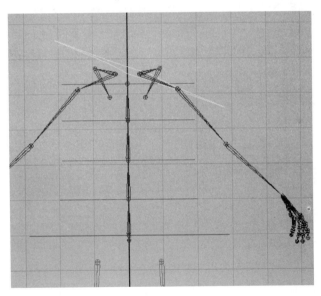

图 4-58

小注解：

这次约束是为了将锁骨控制器在点和方向上对齐，即不勾选 Maintain Offset（偏移值）
复选框。

8）按<Delete>键，将 zhanchi_SK_L_clavicle_Con__G（锁骨控制器组）层级下方的父子
约束节点（zhanchi_SK_L_clavicle_Con__G_parentConstraint1）删除，这样就得到了控制器与
骨骼之间在局部坐标轴上完全一致的效果。选择控制器 zhanchi_SK_L_clavicle_Con，进入点

模式，选择点旋转缩放改变外观，尽量与其控制的骨骼垂直。通过编辑模型点改变外形，其自身局部旋转坐标不会改变，如图 4-59 所示。

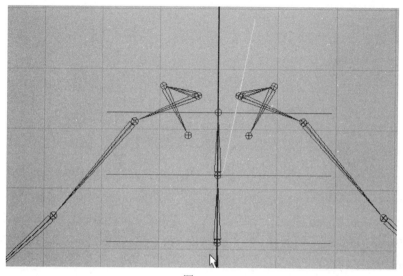

图 4-59

9）选择控制器 zhanchi_SK_L_clavicle_Con，再选择锁骨骨骼 zhanchi_SK_L_clavicleA，执行 Constrain（约束）→Parent（父子约束）命令，由于局部旋转坐标完全一致，所以无需勾选 Maintain Offset 复选框，如图 4-60 所示。

o zhanchi_SK_L_clavicleB
o zhanchi_SK_L_clavicleC
o zhanchi_SK_L_clavicleA_parentConstraint1

图 4-60

10）创建一个圆环控制器，作为肩膀控制器，调整控制器外形，为此圆环控制器命名为 zhanchi_SK_L_Shouder_Con。为这个圆环控制器打组并命名为 zhanchi_SK_L_Shouder_Con_G。选择关节 zhanchi_SK_L_shouder，加选 zhanchi_SK_L_shouder_Con_G，执行 Constrain（约束）→Parent（父子约束）命令，不勾选 Maintain Offset 复选框，如图 4-61 所示。

图 4-61

11）按<Delete>键，将 zhanchi_SK_L_shouder_Con_G（肩膀控制器组）层级下方的父子约束节点（zhanchi_SK_L_shouder_Con_G_parentConstraint1）删除，这样就得到了控制器与骨骼之间在局部坐标轴上完全一致的效果。选择控制器 zhanchi_SK_L_shouder_Con，进入点模式，选择点旋转缩放改变外观，尽量与其控制的骨骼垂直。通过编辑模型点改变外形，其自身局部旋转坐标不会改变，如图 4-62 所示。

图 4-62

12）选择控制器 zhanchi_SK_L_shouder_Con，再选择肩膀骨骼 zhanchi_SK_L_shouder，执行 Constrain（约束）→Orient Constrain（方向约束）命令，由于局部旋转坐标完全一致，所以无需勾选 Maintain Offset 复选框，如图 4-63 所示。

图 4-63

13）创建一个圆环控制器，作为肘部控制器，调整控制器外形，为此圆环控制器命名为 zhanchi_SK_L_elbow_Con。为这个圆环控制器打组并命名为 zhanchi_SK_L_elbow_Con_G。选择关节 zhanchi_SK_L_elbow，加选 zhanchi_SK_L_elbow_Con_G，执行 Constrain（约束）→Parent（父子约束）命令，不勾选 Maintain Offset 复选框，如图 4-64 所示。

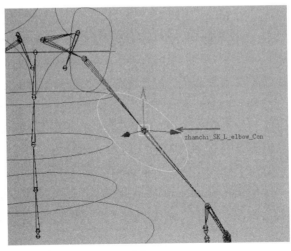

图 4-64

14）按<Delete>键，将 zhanchi_SK_L_elbow_Con_G（肘部控制器组）层级下方的父子约束节点（zhanchi_SK_L_elbow_Con_G_parentConstraint1）删除，这样就得到了控制

器与骨骼之间在局部坐标轴上完全一致的效果。选择控制器 zhanchi_SK_L_elbow_Con，进入点模式，选择点旋转缩放改变外观，尽量与其控制的骨骼垂直。通过编辑模型点改变外形，其自身局部旋转坐标不会改变，如图 4-65 所示。

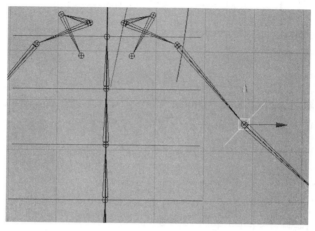

图 4-65

15）选择控制器 zhanchi_SK_L_elbow_Con，再选择肩膀骨骼 zhanchi_SK_L_elbow，执行 Constrain（约束）→Orient Constrain（方向约束）命令，由于局部旋转坐标完全一致，所以无需勾选 Maintain Offset 复选框，如图 4-66 所示。

zhanchi_SK_L_elbow
zhanchi_SK_L_wrist
zhanchi_SK_L_elbow_orientConstraint1

图 4-66

16）手腕控制器的制作方法与肘部骨骼、肩膀骨骼相同，如图 4-67 所示，这里不再赘述。

17）此时单独旋转一个控制，骨骼的子层级将不受旋转控制器的影响。将手腕控制器的组 zhanchi_SK_L_wrist_Con_G 设置为上一层级肘部骨骼 zhanchi_SK_L_elbow 的子物体；将肘部控制器的组 zhanchi_SK_L_elbow_Con_G 为上一层级肩膀骨骼 zhanchi_SK_L_shouder 的子物体；将肩膀控制器的组 zhanchi_SK_L_shouder_Con_G 设置为上一层级锁骨骨骼 zhanchi_SK_L_clavicleA 的子物体，如图 4-68 所示。

18）为手臂骨骼创建 IK 手柄。IK Handle 的创建需要 IK Handle Tool（反向动力学手柄工具）。执行 Skeleton（骨骼）→IK Handle Tool（IK 手柄工具）命令。单击 zhanchi_SK_L_shouder，然后单击 zhanchi_SK_L_wrist，肩膀到手腕的 IK 即创建完成，将此 IK 命名为 zhanchi_L_Arm_IKhandle，如图 4-69 所示。

19）在网格原点处创建控制器，这样能确保控制器的初始状态为 0。如果初始状态为非 0 状态，则可以执行 Modify（修改）→Freeze Transformations（冻结）命令，创建 IK 手腕控制器，并命名为 zhanchi_IK_L_Arm_Con（IK 手腕控制器）。为这个控制器打组并命名为 zhanchi_IK_L_Arm_Con_G（IK 手腕控制器的组）。选择 zhanchi_SK_L_wrist（手腕骨骼），再选择 zhanchi_IK_L_Arm_Con_G，执行 Constrain（约束）→Parent（父子约束）命令，不勾选 Maintain Offset 复选框，如图 4-70 所示。

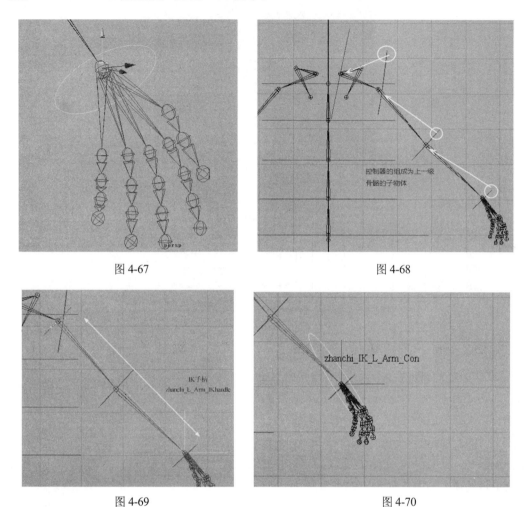

图 4-67

图 4-68

控制器的组成为上一级骨骼的子物体

图 4-69

IK手柄
zhanchi_L_Arm_IKhandle

图 4-70

zhanchi_IK_L_Arm_Con

20）按<Delete>键，将 zhanchi_IK_L_Arm_Con_G（IK 手腕控制器的组）下方的约束节点（zhanchi_IK_L_Arm_Con_G_parentConstraint1）删除，这样可以统一控制器骨骼的位置和方向。选择控制器 zhanchi_IK_L_Arm_Con，进入点模式，选择点旋转缩放改变外观，尽量与其控制的骨骼垂直。改变控制器的自身点模式，其自身局部旋转坐标不会改变。改变 IK 手腕控制器为方形，以分辨 FK 手腕控制器，如图 4-71 所示。

21）选择 IK 手腕控制器 zhanchi_IK_L_Arm_Con，加选 IK 手柄 zhanchi_L_Arm_IKhandle，执行 Constrain（约束）→Point Constrain（点约束）命令，无需勾选 Maintain Offset 复选框。选择 IK 手腕控制器 zhanchi_IK_L_Arm_Con，加选手腕骨骼 zhanchi_SK_L_wrist，执行 Constrain（约束）→Orient Constrain（方向约束），无需勾选 Maintain Offset 复选框。这时，IK 手腕控制器 zhanchi_IK_L_Arm_Con 将控制 IK 的位移和手腕骨骼的旋转，如图 4-72 所示。

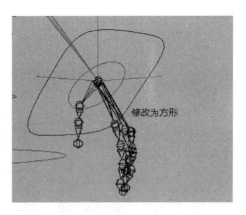

图 4-71

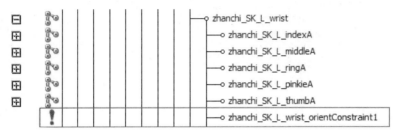

图 4-72

22）控制肘部旋转，制作极向量约束。创建 Locator 作为极向量的控制器，将其命名为 zhanchi_IK_L_ArmPoleCon，为 zhanchi_IK_L_ArmPoleCon 打组并命名为 zhanchi_IK_L_ArmPoleCon_G。选择 zhanchi_IK_L_ArmPoleControl，加选 zhanchi_L_Arm_IKhandle（IK 手柄），执行 Constrain（约束）→Pole Vector（极向量约束）命令，如图 4-73 所示。

23）将视图切换到前视图，执行 Create（创建）→ EP Curve Tool（绘制 EP 曲线）命令，将其绘制段数改为 1。用 EP 曲线绘制一个 IKFK 切换控制器。在前视图，按住<X>键吸附网格，绘制一个十字，画好后恢复中心点，执行 Modify（修改）→CenterPivot（中心点）命令，并将其命名为 zhanchi_L_ArmIKFKCon，然后为其打组并命名为 zhanchi_L_ArmIKFKCon_G，如图 4-74 所示。

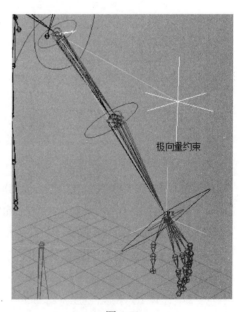

图 4-73

24）为 IKFK 的切换控制器 zhanchi_L_ArmIKFKCon 添加一个新的属性，添加属性的方法在讲解腿部装配时已介绍过，这里不再重复。新添加的属性命名为 IKFK。属性类型 Data Type 设置为整数类型 Integer，最大值 Maximum 设置为 1，最小值 Minimun 设置为 0，如图 4-75 所示。

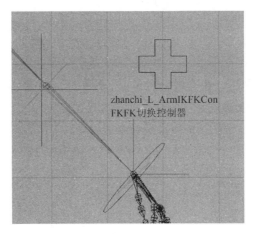

图 4-74

图 4-75

25）当移动 IK 手腕控制器 zhanchi_IK_L_Arm_Con 时可见 FK 控制器无效。这是因为 IK 属性中的最后一个属性 IK Blend（IK 效应器）为 1，说明当前骨骼由 IK 手柄控制。当 IK Blend 开启，数值为 1 时，由反向动力学控制；当 IK Blend 关闭，数值为 0 时，由正向动力学控制。也可以理解为正向动力学与反向动力学的开关。这样，当每次选择 IK 手柄找到 IK Blend，并且进行 IKFK 切换时很不方便，因为动画师在设置动画时是将 IK 手柄隐藏的，所以制作了一个 IKFK 切换控制器 zhanchi_L_ArmIKFKCon。接下来，通过驱动关键帧，用驱动者 IKFK 切换控制器 zhanchi_L_ArmIKFKCon 驱动被驱动者 IK 手柄中的 IK Blend。当 IKFK 切换控制器为 0 时，由 IK 控制手臂，IK Blend 数值为 1；当 IKFK 切换控制器为 1 时，由 FK 控制手臂，IK Blend 数值为 0，如图 4-76 所示。

26）手腕骨骼 zhanchi_SK_L_wrist 被两个控制器分别用方向约束控制，它们分别是：手腕 IK 控制器 zhanchi_IK_L_Arm_Con 和手腕 FK 控制器 zhanchi_SK_L_wrist_Con，此时手腕骨骼的旋转来自两个控制器方向约束的权重数值，它们均为 1。通过 IKFK 切换控制器 0~1 的变化，决定了手腕骨骼 zhanchi_SK_L_wrist 的方向约束权重值是由 IK 控制还是 FK 控制。当 IKFK 切换控制器为 0 时，由 IK 控制手腕骨骼的旋转，zhanchi IK L Arm Con W1 的权重值为 1，zhanchi SK L Wrist Con W0 的权重值为 0；当 IKFK 切换控制器为 1 时，由 FK 控制手腕骨骼的旋转，zhanchi IK L Arm Con W1 的权重值为 0，zhanchi SK L Wrist Con W0 的权重值为 1。通过驱动关键帧来完成切换，如图 4-77 所示。

zhanchi_L_Arm_IKhandle	
Translate X	4.469
Translate Y	9.055
Translate Z	-0.096
Rotate X	0
Rotate Y	0
Rotate Z	0
Scale X	1
Scale Y	1
Scale Z	1
Visibility	on
Pole Vector X	1.39
Pole Vector Y	-1.582
Pole Vector Z	-2.242
Offset	0
Roll	0
Twist	0
Ik Blend	1

图 4-76

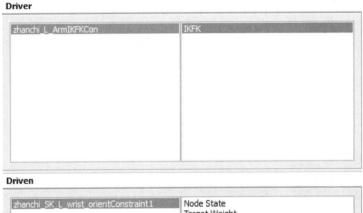
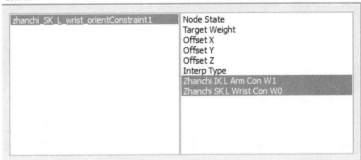

图 4-77

27）使用相同的方法制作右侧手臂的全部装配。

小技巧：

可以复制控制器，以调高工作效率。需要注意的是，镜像骨骼及控制器的命名从 L 变为 R，完成右侧控制，如图 4-78 所示。

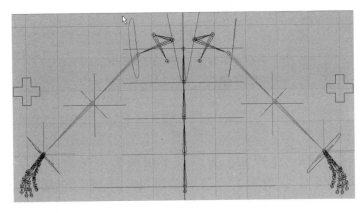

图 4-78

28）以食指为例，控制手指的弯曲、伸展、张开、闭合等动作。将视图切换到顶视图，执行 Create（创建）→NURBS Primitives（NURBS 几何体元素）→Circle（圆环）命令，制作食指 3 个关节的控制器，分别命名为 zhanchi_L_index_A_Con、zhanchi_L_index_B_Con、zhanchi_L_index_C_Con，为其打组并命名为 zhanchi_L_index_A_Con_G、zhanchi_L_index_B_Con_G、zhanchi_L_index_C_Con_G。选择控制器自身进入点模式，选择点旋转缩放改变外观，尽量与其控制的骨骼垂直。改变控制器的自身点模式，其自身局部旋转坐标不会改变。最后，删除食指控制器下方的父子约束节点，如图 4-79 所示。

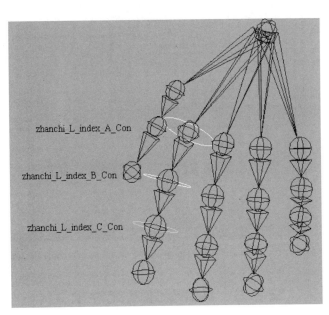

图 4-79

29）选择控制器 zhanchi_L_index_A_Con，再选择骨骼 zhanchi_SK_L_indexA，执行 Constrain（约束）→Orient Constrain（方向约束）命令，由于局部旋转坐标完全一致，所以无需勾选 Maintain Offset 复选框。手指的全部关节的约束方式和制作方法同理，在此不再赘述。全部约束关系建立后，如图 4-80 所示。

```
    ┌──○ zhanchi_SK_L_indexC_orientConstraint1
  ├──○ zhanchi_SK_L_indexB_orientConstraint1
├──○ zhanchi_SK_L_indexA_orientConstraint1
```

图 4-80

30）此时单独旋转一个控制，骨骼的子层级将不受旋转控制器的影响。将 zhanchi_L_index_C_Con_G 设置为上一层级骨骼 zhanchi_SK_L_indexB 的子物体；将 zhanchi_L_index_B_Con_G 设置为上一层级骨骼 zhanchi_SK_L_indexA 的子物体；将 zhanchi_L_index_A_Con_G 设置为上一层级锁骨骨骼 zhanchi_SK_L_wrist 的子物体。

以上讲述的是食指（index）关节的制作方法，如图 4-81 所示，其他手指的制作方法同理，这里不再赘述。

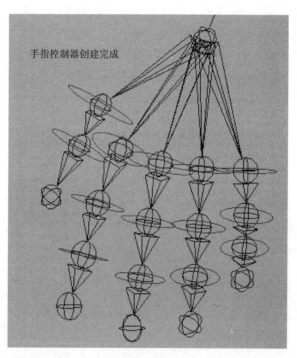

图 4-81

任务6 头部骨骼及配件设置

1）依据绘制骨骼的方法，在前视图创建颈部和头部骨骼，创建后切换到任意视图，观看骨骼所在位置是否正确，如需调整位置，则按<Insert>键，单击移动工具，将骨骼移动到正确的位置，再按<Insert>键可以继续创建骨骼链且骨骼不会被断开，如图 4-82 所示。

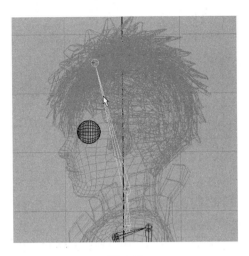

图 4-82

2）为颈部（zhanchi_SK_neck）、头部（zhanchi_SK_head）、头顶（zhanchi_SK_headTop）命名，如图 4-83 所示。

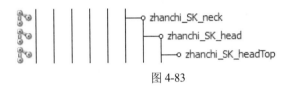

图 4-83

3）创建关节控制器。创建两个圆环作为控制器，分别选择圆环，按<V>键，点吸附到每节关节处。选择两个圆环，执行 Modify→Freeze Transformations（冻结）命令，进行冻结。最后为每一个圆环命名，如图 4-84 所示。

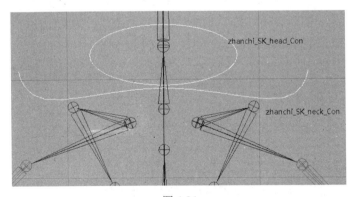

图 4-84

4）选择控制器 zhanchi_SK_neck_Con，按住<Shift>键，加选关节 zhanchi_SK_neck，执行 Constrain（约束）→Orient Constrain（方向约束）命令，打开选项框后勾选 Maintain Offset 复选框；选择控制器 zhanchi_SK_head_Con，按住<Shift>键，加选关节 zhanchi_SK_head，执行 Constrain（约束）→Orient Constrain（方向约束）命令，打开选项框后勾选 Maintain Offset

复选框，如图 4-85 所示。

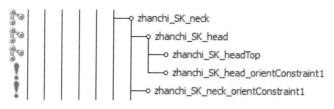

图 4-85

5）由于只做了控制器方向控制关节，所以一旦移动根关节，则控制器不同时移动，这时选择子层级控制器的组，成为上一父级关节的子物体。选择控制器 zhanchi_SK_neck_Con，执行快捷键<Ctrl+G>（打组），选择控制器组并将其命名为 zhanchi_SK_neck_Con_G。选择该组，再次加选关节 zhanchi_SK_chestB，执行 Edit（编辑）→ Parent（父子关系）命令。选择控制器组 zhanchi_SK_head_Con_G，加选关节 zhanchi_SK_neck，执行 Edit（编辑）→Parent（父子关系）命令，如图 4-86 所示。

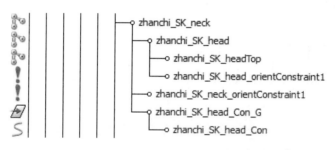

图 4-86

6）绘制配件腰带及挂坠骨骼。依据上述绘制骨骼的方法，在前视图绘制骨骼，创建后切换到任意视图，观看骨骼所在位置是否正确，单击移动工具，调整骨骼到正确的位置，绘制完毕后为骨骼命名，如图 4-87 所示。

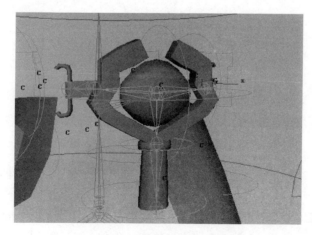

图 4-87

7）创建圆环控制器并将其命名为 zhanchi_PendantRoot_Con，为其打组并命名为 zhanchi_PendantRootCon_G。选择该组，将其移动到 zhanchi_PendantRoot 骨骼上。选择控制器 zhanchi_PendantRoot_Con，再加选骨骼 zhanchi_PendantRoot，执行 Constrain（约束）→Parent（父子约束）命令，如图 4-88 所示。

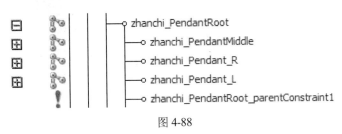

图 4-88

8）创建圆环控制器并将其命名为 zhanchi_PendantMiddle_Con，为其打组并命名为 zhanchi_PendantMiddle_Con_G。选择该组，将其移动到 zhanchi_PendantMiddle 骨骼上。选择控制器 zhanchi_PendantMiddle_Con，再加选骨骼 zhanchi_PendantMiddle，执行 Constrain（约束）→Orient Constrain（方向约束）命令，如图 4-89 所示。

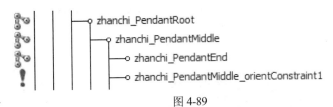

图 4-89

9）选择腰带左侧的 5 排控制点，执行 Create Deformers（创建变形器）→Cluster（簇）命令，将此簇命名为 zhanchi_Belt_cluster1，如图 4-90 所示。

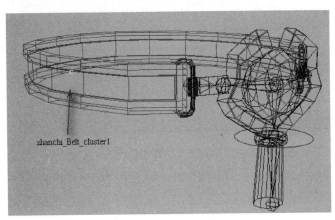

图 4-90

10）选择腰带模型，执行 Edit Deformers（编辑变形器）→Paint Cluster WeightTool（绘制簇权重工具）命令，绘制完成后的效果如图 4-91 所示。

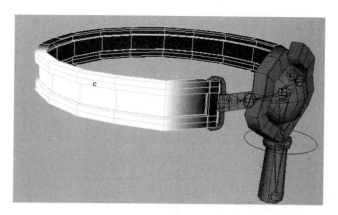

图 4-91

11）制作一个控制器代替簇产生的变化。因为簇是变形器，虽然可以用做动画调试控制器，但簇作为控制器的应用不如线控制方便，因此将控制器命名为 zhanchi_Belt01_Con，打组并命名为 zhanchi_Belt01_Con_G。同时，给簇打组并命名为 zhanchi_Belt_cluster1_G。选择控制器 zhanchi_Belt01_Con，再加选 zhanchi_Belt_cluster1，执行 Constrain（约束）→Parent（父子约束）命令，创建完成后变换控制器即可看到效果，如图 4-92 所示。

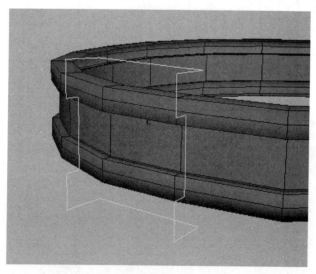

图 4-92

12）依照上述方法，制作其他腰带控制器，目的是在调试动作的过程中，腰带可以有伸缩变化，如图 4-93 所示。

13）制作腰部绑带控制。腰部物件多而厚重，在调试时动作幅度较大，容易出现穿插，所以也需要做一些控制器，使用的方法类似，都是应用绘制簇的权重从而达到变形效果，如图 4-94 所示。

14）制作衣角袖口控制。在做抬腿和举臂动作时，衣角或袖口会出现不同程度的变形效果，使用的方法类似，都是应用绘制簇的权重从而达到变形效果，如图 4-95 所示。

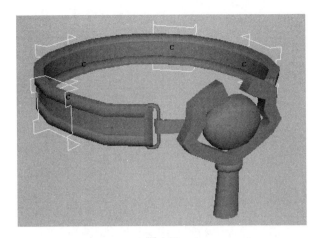

图 4-93

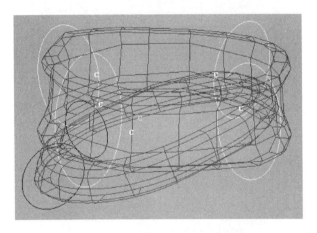

图 4-94

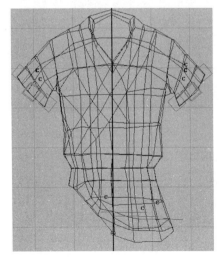

图 4-95

15）制作马甲衣领控制。在做抬臂或头部动作时，衣领会出现不同程度的变形效果，使用的方法类似，都是应用绘制簇的权重从而达到变形效果，如图 4-96 所示。

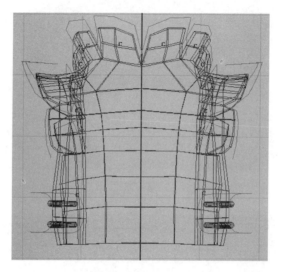

图 4-96

16）制作眼睛控制器。创建 3 个圆环，分别命名为左眼、右眼、双眼，并为 3 个控制器打组，如图 4-97 所示。

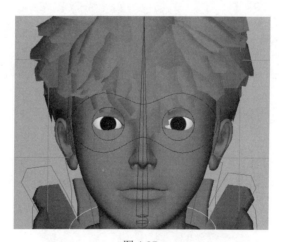

图 4-97

17）选择眼睛控制器 zhanchi_L_eye_Con，加选左眼模型 zhanchi_L_eye，执行 Constrain（约束）→Aim（目标约束）命令，勾选 Maintain Offset 复选框。选择眼睛控制器 zhanchi_R_eye_Con，加选右眼模型 zhanchi_R_eye，执行 Constrain（约束）→Aim（目标约束）命令，勾选 Maintain Offset 复选框，如图 4-98 所示。

18）最后选择控制器 zhanchi_eyes_Con，再分别、分次选择 zhanchi_L_eye_Con_G 和 zhanchi_R_eye_Con_G，执行 Constrain（约束）→Parent（父子约束）命令，如图 4-99 所示。

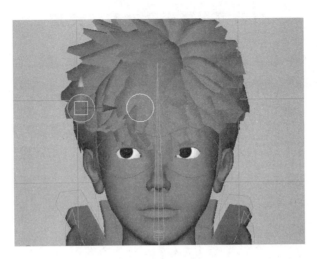

图 4-98

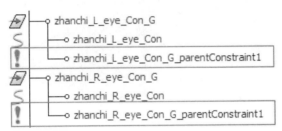

图 4-99

19）创建胯骨控制器并将其命名为 zhanchi_SK_pelvis_Con，打组并命名为 zhanchi_SK_pelvis_Con_G。选择控制器 zhanchi_SK_pelvis_Con，加选胯骨骨骼 zhanchi_SK_pelvis，执行 Constrain（约束）→Orient Constrain（方向约束）命令，勾选 Maintain Offset 复选框。这样控制器即可控制胯骨关节的选装方向。将胯骨关节控制器的组 zhanchi_SK_pelvis_Con_G 设置为根关节 zhanchi_SK_Root 的子物体，如图 4-100 所示。

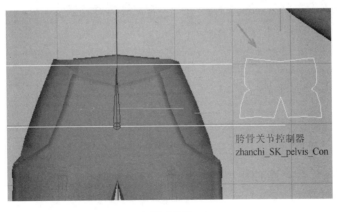

图 4-100

任务7　整理文件层级关系

1）将绘制过程中断开的骨骼链做父子关系连接。在大纲中选择关节 zhanchi_SK_R_clavicleA（右侧锁骨）、zhanchi_SK_L_clavicleA（左侧锁骨）、zhanchi_SK_neck（颈部关节）、zhanchi_SK_L_clavicle_Con__G（左侧锁骨控制器的组）、zhanchi_SK_R_clavicle_Con__G（右侧锁骨控制器的组），最后加选关节 zhanchi_SK_chestB（胸骨关节），执行 Edit（编辑）→Parent（父子关系）命令，或按<P>键，如图 4-101 所示。

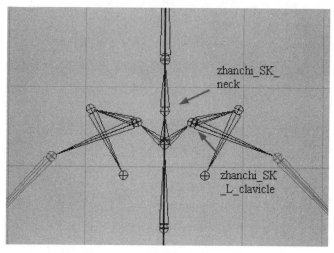

图 4-101

2）在大纲中选择关节 zhanchi_SK_pelvis（胯骨关节），加选 zhanchi_SK_Root（根关节），执行 Edit（编辑）→Parent（父子关系）命令。继续选择关节 zhanchi_SK_L_Hip（左侧大腿关节）和 zhanchi_SK_R_Hip（右侧大腿关节），加选 zhanchi_SK_pelvis（胯骨关节），执行 Edit（编辑）→Parent（父子关系）命令，如图 4-102 所示。

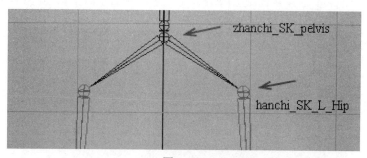

图 4-102

3）在大纲中选择关节 zhanchi_PendantRoot（挂坠关节）、zhanchi_R_BeltA（右侧腰环关节）、zhanchi_L_BeltA（左侧腰环关节），加选 zhanchi_SK_waistA（腰部 A 关节），执行 Edit（编辑）→Parent（父子关系）命令，如图 4-103 所示。

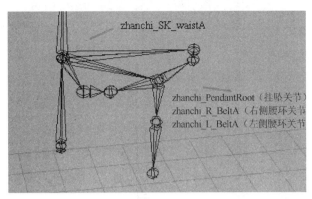

图 4-103

4）在网格轴心处创建圆环，作为最终控制器，将圆环命名为 zhanchi_Con 并冻结坐标，确保通道盒中的属性归零。在大纲中选择未成组 IK 手柄 zhanchi_L_Arm_Ikhandle（左臂 IK 手柄），执行快捷键<Ctrl+G>，将其命名为 zhanchi_L_Arm_Ikhandle_G（左臂 IK 手柄组），如图 4-104 所示。

5）选择 zhanchi_R_Arm_IKhandle（右臂 IK 手柄），执行快捷键<Ctrl+G>，将其命名为 zhanchi_R_Arm_Ikhandle_G（右臂 IK 手柄组），如图 4-104 所示。

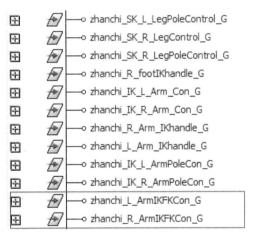

图 4-104

6）将控制衣角、腰带、袖口等所有簇（Cluster）在历史属性（或执行快捷键<Ctrl+A>）中的 Relative（相对值）复选框全部勾选，这样在骨骼产生运动时不会出现二次错误影响，如图 4-105 所示。

图 4-105

7）选择 zhanchi_Belt_Con_G（控制器的组）和 zhanchi_Belt_cluster_G（簇的组）共 8 个组，成为 zhanch_Con（最终控制器）的子物体，这样腰部旋转会带动腰带控制器一并旋转，如图 4-106 所示。

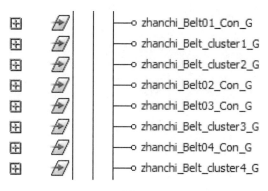

图 4-106

8）选择 zhanchi_bandage_Con_G（控制器的组）和 zhanchi_bandage_cluster_G（簇的组）共 12 个组，成为 zhanch_Con（最终控制器）的子物体，这样腰部旋转会带动腰带控制器一并旋转，如图 4-107 所示。

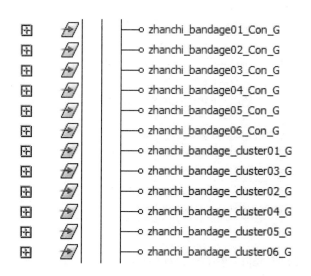

图 4-107

9）选择 zhanchi_L_cuff_Con_G（控制器的组）和 zhanchi_L_cuff_cluster_G（簇的组）共 8 个组，成为 zhanch_Con（最终控制器）的子物体，这样当手臂产生运动时会带动袖口控制器一起产生变化。右侧与左侧的制作方法相同，将控制器的组和簇的组设置为右臂肩部关节的子物体，如图 4-108 所示。

10）选择 zhanchi_collar_Con_G（控制器的组）和 zhanchi_collar_cluster_G（簇的组）共 8 个组，成为 zhanch_Con（最终控制器）的子物体，如图 4-109 所示。

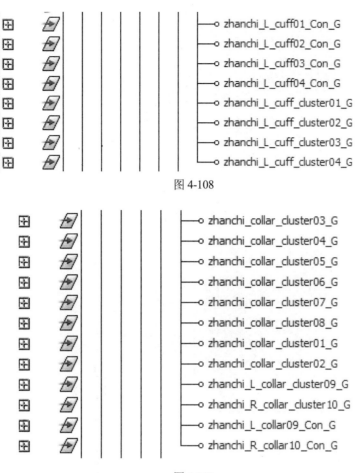

图 4-108

图 4-109

11）选择 zhanchi_LR_vest_Con_G 和 zhanchi_LR_vest_cluster_G 共 4 个组，成为 zhanch_Con（最终控制器）的子物体；选择 zhanchi_LR_collar_Con_G 和 zhanchi_LR_collar_cluster_G 共 4 个组，成为 zhanch_Con（最终控制器）的子物体；选择 zhanchi_clothes_Con_G 和 zhanchi_clothes_cluster_G 共 6 个组，成为 zhanch_Con（最终控制器）的子物体，如图 4-110 所示。

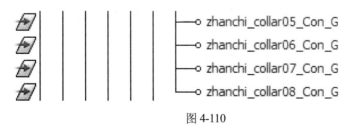

图 4-110

12）将除模型以外的全部组和骨骼设置为总控制器 zhanchi_Con 的子物体，如图 4-111 所示。

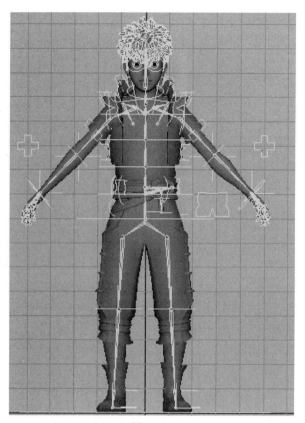

图 4-111

13）隐藏锁定与设置关键帧无关的属性。以极向量为例，隐藏其他属性，只保留位移；以躯干控制器为例，隐藏其他属性，只保留旋转；以 IK 手腕控制器为例，隐藏其他属性，保留旋转和位移；以 IK 脚部控制器为例，隐藏缩放显示属性，其他保留；以 IKFK 切换控制器为例，隐藏所有属性，只保留 IKFK；以根关节控制器为例，隐藏缩放显示属性，保留位移和旋转；以衣领控制器为例，保留移动旋转属性，其他属性隐藏，如图 4-112 所示。

图 4-112

14）隐藏骨骼绑定中除控制器骨骼以外的其他附属物体，此套角色绑定需要隐藏的物体有簇以及 IK 手柄。选择物体，在物体的通道盒中有一个 Visibility（显示物体）属性，其默认值为 on（即显示），将这个属性修改为 off（即隐藏），如图 4-113 所示。

zhanchi_L_Arm_IKhandle	
Translate X	4.469
Translate Y	9.055
Translate Z	-0.096
Rotate X	0
Rotate Y	0
Rotate Z	0
Scale X	1
Scale Y	1
Scale Z	1
Visibility	off
Pole Vector X	1.39
Pole Vector Y	-1.582
Pole Vector Z	-2.242
Offset	0
Roll	0
Twist	0
Ik Blend	0

图 4-113

任务 8 为角色蒙皮并绘制权重

1）选择需要蒙皮的模型，按<Shift>键加选参与蒙皮的关节，先从腿部开始蒙皮，选择 zhanchi_SK_waistA、zhanchi_SK_Root、zhanchi_SK_pelvis 及其大腿（Hip）以下的全部关节，再加选腰部以下的模型（包括裤子、腿、鞋），执行 Skin（蒙皮）→Bind Skin（蒙皮绑定）→Smooth Bind（柔性绑定）命令，如图 4-114 所示。

图 4-114

2）将左侧腿部的蒙皮权重镜像给右侧腿部，如图 4-115 所示。

3）绘制腰带蒙皮，如图 4-116 所示。

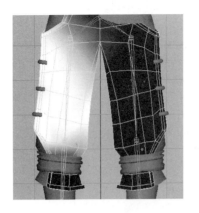

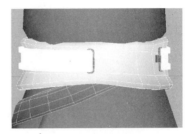

图 4-115 图 4-116

4）绘制躯干蒙皮，如图 4-117 所示。

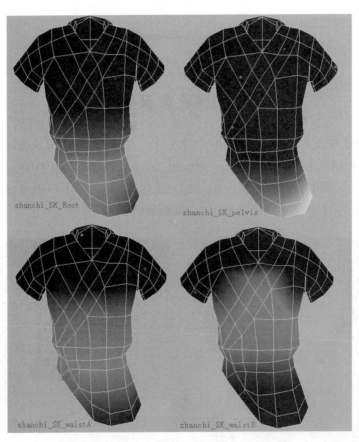

图 4-117

5）绘制马甲蒙皮，如图 4-118 所示。

6）绘制颈部、面部蒙皮，如图 4-119 所示。

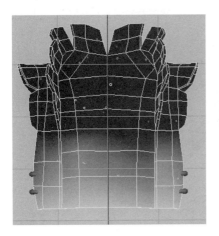

图 4-118

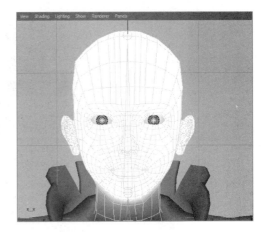

图 4-119

7）绘制肩部、肘部、手腕以及手指各关节蒙皮，如图 4-120 所示。

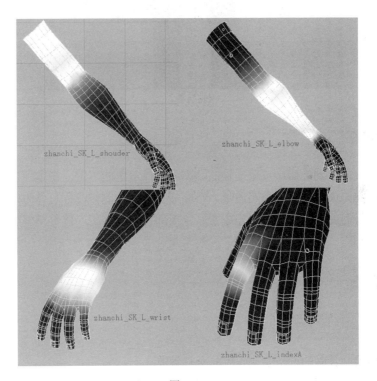

图 4-120

8）头发（hair_mo）和眼睛（eye_mo）无需蒙皮绘制权重，将头发的组设置为 zhanchi_SK_head 的子物体。

9）检查整体模型的绑定设置，调整不正确的地方，最终完成角色的绑定，如图 4-121 所示。

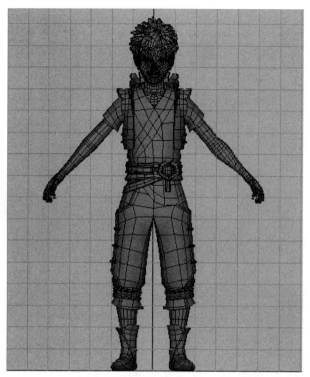

图 4-121

 项目小结 《

从第一步检查模型到最后一步蒙皮骨骼，完成整体角色的绑定，在本项目的学习中，要理解层级关系，熟知命令功能，思路清晰，不能疏忽遗漏。制作流程总体为：首先制作躯干骨骼，制作躯干骨骼的控制器，然后完成四肢、头部骨骼及装配，接着整理层级，最后蒙皮绘制权重。

 实践演练 《

1）制作一套完整的角色绑定。

2）要求：

①熟练运用绘制骨骼的方法绘制角色的全身骨骼。

②为角色模型添加绑定，并对完成绑定的模型做动画测试。

项目 5 《侠岚》动画主要角色辗迟的表情设置

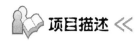 **项目描述** ≪

表情从广义上讲可以分成语言表情、肢体表情、面部表情 3 种。在动画中，语言表情需要演员或配音演员根据剧情来演绎，肢体语言则靠动画师设计完成，而面部表情则需要模型、绑定、动画 3 个部门的配合才能完成。

 项目分析 ≪

1）角色表情：不管是人类还是动物，在动画片中的表情都非常丰富，也很微妙。面部表情的变化主要依靠眼睛、眉毛和嘴来体现，面部五官在表情中有各自独特的作用。也正是五官之间的互相配合，才得以实现各种各样的表情。表情制作的质量高低甚至可以直接影响人物的逼真度和精彩程度。

2）Blend Shape 控制方式：通过 Blend Shape（融合变形）的方式把表情模型连接到角色上。在制作表情时，很关键的一步就是创建 Blend Shape（融合变形）。通过了解 Blend Shape，在目标变形物体和基础变形物体之间创建融合变形动画，从而模拟真实的表情。

3）鼻子的控制连接：鼻子的控制相对较少，如鼻孔的放大和缩小、脸颊带动鼻子运动等，所以可以运用簇变形来为鼻子添加控制。

本项目中的具体运动及流程简介见表 5-1。

表 5-1　项目 5 任务简介

任务	流程简介
任务 1	表情的控制和添加
任务 2	Blend Shape 控制方式
任务 3	控制器的连接
任务 4	鼻子的控制连接

注：项目教学及实施建议 24 学时。

 知识准备

Blend Shape（融合变形）

1）功能说明：Blend Shape 的控制方式是将原始物体进行复制后，在不修改拓扑结构的前提下修改目标物体的点，以达到期望的效果，并把变形之后的效果通过 Blend Shape 控制器，以滑竿控制的方式连接到原始物体，以实现对原始物体的变形效果。

2）操作方法：选择 Create Deformers 选项中的 Blend Shape，如图 5-1 所示。

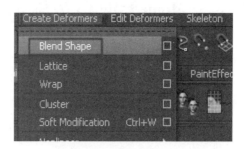

图 5-1

3）常用参数解析：在 Animation 模块下，选择 Create Deformers 选项中的 Blend Shape 可以创建融合变形，如图 5-2 所示。

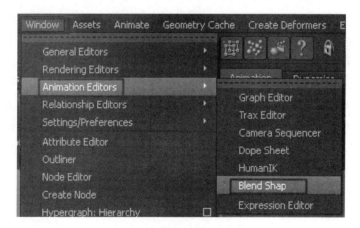

图 5-2

 项目实施 《

任务 1 表情的控制和添加

表情从广义上讲可以分成语言表情、肢体表情、面部表情 3 种。面部表情的变化主要依靠眼睛、眉毛和嘴来体现，面部五官在表情中有各自独特的作用，表情制作的质量高低甚至可以直接影响人物的逼真度和精彩程度，因此表情是绝对不容忽视的，如图 5-3 所示。

简单了解表情后，将介绍在绑定环节中负责的表情部分。在接到模型组分配的做好的表情模型后，绑定师首先要检查模型的拓扑结构是否正确，如果几个表情模型之间有明显的拓扑结构不同的问题，那么需要修改模型。如果没有问题，那么将通过 Blend Shape（融合变形）的方式把这些表情模型连接到角色上，如图 5-4 所示。然后添加表情控制，即表情绑定，这里的绑定主要分为以下两个部分：

图 5-3

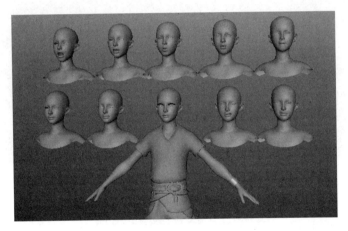

图 5-4

1）下巴、牙齿和舌头，即头部偏下部位的绑定。

2）为 Blend Shape 添加控制器，以方便动画师制作。

表情中还包含口型等动画设置，当然，如果有更多的需要，如眨眼、脸颊的抽动、皱眉等也是在第一步中完成的。后面会针对 Blend Shape 作详细介绍。

任务 2　Blend Shape 控制方式

制作表情时，很关键的一步就是创建 Blend Shape（融合变形），在前面的学习中，已经介绍过 Blend Shape，现在需要在目标变形物体和基础变形物体之间创建融合变形动画，从而模拟真实的表情。

在 Animation 模块下，选择 Create Deformers 选项中的 Blend Shape 可以创建融合变形，如图 5-5 所示。

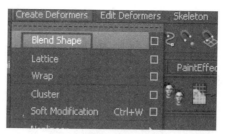

图 5-5

这个属性界面前面已经介绍过，这里不再赘述。

Blend Shape 的控制方式是将原始物体进行复制后，在不修改拓扑结构的前提下修改目标物体的点，以达到期望的效果，并把变形之后的效果通过 Blend Shape 控制器，以滑竿控制的方式连接到原始物体，以实现对原始物体的变形效果，如图 5-6 所示。

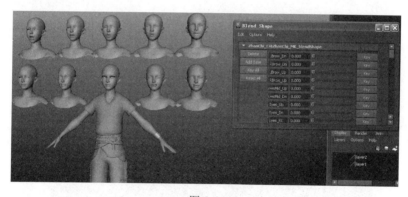

图 5-6

任务3 控制器的连接

1）模型组制作好表情模型后，我们接到文件，需要把表情添加到 Blend Shape 控制面板中。选择所有目标物体，然后加选原始物体，在 Animation 模块下，选择 Create Deformers 选项中的 Blend Shape，然后执行 Window→Animation Editors→Blend Shape 命令，打开 Blend Shape 控制面板，即可看到已经创建的所有表型选项，如图 5-7 所示。

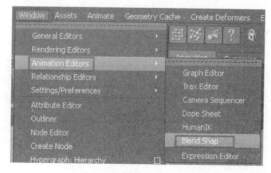

图 5-7

这样虽然可以对原始物体进行变形，但还是不利于动画表情的制作，需要为 Blend Shape 创建控制器。

在制作 Blend Shape 控制器之前，需要确定控制器的数量，作为示范，这里只制作一个咧嘴的控制器。因为嘴部分为左右两边来控制，所以需要创建两个控制器。和身体其他部位不同的是，面部的区域很小，表情又非常复杂，所以控制器的位置摆放也需要特别注意，通常将其放在头部的一边。

2）因为 Maya 2013 支持中文字符，所以可以创建中文字来当控制器，这样更加直观。执行 Creat→Text（文字）命令，打开其属性窗口，如图 5-8 所示。

图 5-8

例如，在 Text（文字）文本框中输入"咧嘴_L"（左侧的咧嘴控制），在下面的 Font（字体）下拉列表框中选择自己喜欢的字体，通常保持默认即可，最好不要选择比较生僻的字体。然后在 Type（类型）中选中 Curves（曲线）单选按钮，这样就能在场景中创建一个字符作为控制器了。接着，在大纲中选择字符的最高层级并缩放到合适的比例，然后放在头部的一侧，如图 5-9 所示。

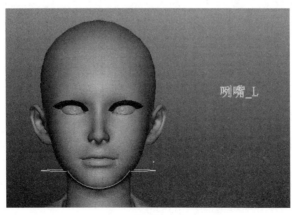

图 5-9

3）应用 EP Curves Tool 在场景中创建两个矩形，调整大小后放在"咧嘴_L"字符的下面，并设置为"咧嘴_L"字符的子物体，如图 5-10 所示。

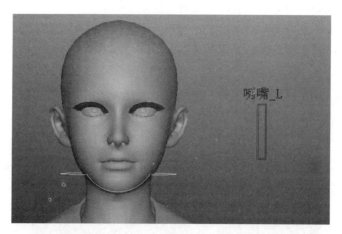

图 5-10

4）创建一个圆环，调整大小后放到矩形的中间位置，这个圆环是控制"咧嘴"表情的主要控制器，如图 5-11 所示。

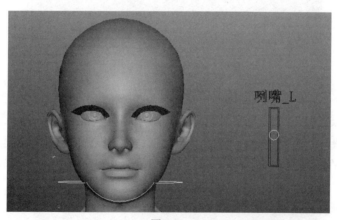

图 5-11

5）这样，控制器就创建完成了。刚才我们提到，只有圆环才是主要控制器，那么其他的都是辅助物体，所以需要把所有的辅助物体都变成不可选择的，以方便操作。选择辅助物体的组，按<Ctrl+A>组合键，打开属性菜单，打开 Display 选项，勾选 Template 复选框，如图 5-12 所示。这样，辅助物体的曲线在场景中就不可以被选择了。

6）限制圆环的移动。现在的圆环移动起来非常自由，这样是不能作为控制器的，需要限制圆环的移动。首先，把圆环控制器放置到矩形的顶端，按<Ctrl+A>组合键，打开圆环的属性窗口，打开 Limit Information 下的 Translate 选项。单击 Trans Limit Y 的">"按钮，并勾选该复选框。然后移动圆环控制器到矩形的最底端，单击"<"按钮，将当前的 Y 轴数值导入到左侧，并勾选 Trans Limit Y 复选框。用同样的方法，可以限制 X、Z 轴的移动，只要最

大值和最小值相同，该轴向就不可移动，如图 5-13 所示。

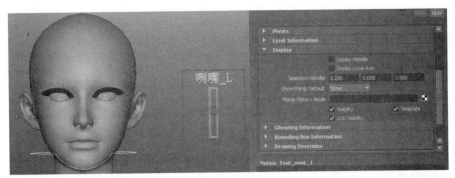

图 5-12

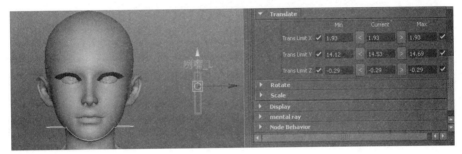

图 5-13

7）这样，控制器就制作完成了。最后，只要设置驱动关键帧，用圆环驱动 Blend Shape 面板中左嘴的咧嘴属性就可以了。然后用同样的方法设置第二个控制器，制作右边嘴部的咧嘴效果，咧嘴的表情控制器就添加完成了，如图 5-14 所示。其他的表情控制也是使用同样的方法。

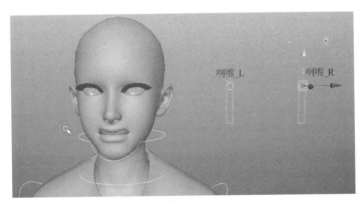

图 5-14

任务 4　鼻子的控制连接

鼻子的控制相对较少，如鼻孔的放大和缩小、脸颊带动鼻子运动等，所以可以运用簇变形来为鼻子添加控制。从理论上讲，这个步骤也应由模型组完成。和表情控制的添加方法相同，用 Blend Shape 制作一个鼻子的面板，然后用 EP 曲线创建一个鼻子的控制器，用控制器驱动 Blend Shape 面板中鼻子的属性。重复表情控制的添加步骤，为鼻子添加控制连接，因为方法相同，所以这里不再赘述。

 项目小结 ≪

本项目学习了表情的设置。表情制作的质量高低可以直接影响人物的逼真度和精彩程度。在动画制作的过程中，有关表情的动画制作要仔细拿捏，模拟情感要表达准确。

 实践演练 ≪

1）熟悉本项目所学内容，对表情设置方法反复练习。

2）要求：

①熟练掌握 Blend Shape 控制方式。

②独立完成人物表情的设置。

项目 6　基础运动规律

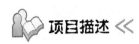**项目描述** «

本项目将介绍动画模块的基础知识。首先从技术的角度了解三维动画的制作和类型，包括关键帧动画（Keyframe）、路径动画（Attach to motion path）、驱动关键帧动画（Set Driven Key）、动力学动画（Dynamic）、表达式动画（Expression）和动态捕捉动画（Motion Capture）。然后学习基础运动规律，如一般物体的重心和动势线、身体中的弹簧——平衡原理、角色的预备动作和惯性动作、力在物理学上的解释及不同的表现形式。

项目分析 «

1. 三维动画的制作和类型

1）关键帧动画（keyframe）：关键帧可以是任意标记，用于指定对象在特定时间内的属性值。

2）路径动画（Attach to motion path）：路径动画是关于对象位移和旋转属性的一种动画产生方式，在该方式下对象可以沿一条事先绘制好的曲线进行运动，并在位移过程中随路径曲率的变化而产生沿路径运动的变化。一般地，主要应用于沿路径运动的物体动画。

3）驱动关键帧动画（Set Driven Key）：将某一属性参数与其他属性参数值连接在一起，称为驱动关键帧。

4）动力学动画（Dynamic）：对自然物理现象的模拟，包括粒子动画、流体动画和物体之间碰撞动画。

5）表达式动画（Expression）：结合 Maya 的 Mel 程序语言来制作影视级别的高级特效。它采用面向对象的设计方法，可以方便地建立和改变模型与动画的设计，还可以建立完全参数化的动画。

6）动态捕捉动画（Motion Capture）：动态捕捉仪又可以叫做一套动态捕捉系统。通常的动态捕捉系统的硬件包含捕捉摄像机、连接缆线、供电及数据交流用的集线器硬件、系统校准套件、专用捕捉衣服和捕捉反光球。

2. 动画基本界面与命令

1）将 Maya 软件模块菜单栏切换到 Animation 动画模块，快捷键为<F2>键，如图 6-1 所示。

图 6-1

2）基本关键帧命令讲解：设置关键帧，删除关键帧，编辑关键帧。

3）了解不同的动画制作形式：关键帧动画，驱动动画，路径动画，非线性动画编辑，表达式动画，动作捕捉。

4）一般物体的重心和动势线：一个物体的各部分都要受到重力的作用，我们可以认为各部分受到的重力作用都集中于一点，这一点叫做物体的重心。动势线也可以称为形态线。动作趋势线是用一条线来勾勒出运动所趋势的方向，从而更好地把握动作的姿势。

5）身体中的弹簧——平衡原理：整个身体的弹簧及动作设置。

6）角色的预备动作和惯性动作：动作预备一般用来引导观众的视线趋向，即将发生的动作。

7）力在物理学上的解释及不同力的表现形式：物体之所以能够运动是因为有力，不同力的表现形式会带给物体不同的生命力。

本项目中的具体任务及流程简介见表6-1。

表6-1　项目6任务简介

任务	流程简介
任务1	了解三维动画的制作和类型
任务2	动画基本界面与命令
任务3	基本关键帧命令
任务4	了解不同的动画制作形式
任务5	一般物体的重心和动势线
任务6	身体中的弹簧——平衡原理
任务7	角色的预备动作和惯性动作
任务8	力在物理学上的解释及不同力的表现形式

注：项目教学及实施建议56学时。

 **知识准备**

动画模块主要分为9个基本菜单，具体介绍如下：

1）Animate 菜单中主要包含动画方面的基本命令。例如，设置关键帧命令、驱动关键帧和路径动画，这些都是比较重要的命令。

2）Geometry 几何体缓存菜单，作为辅助功能来使用，用户可以保存自己的多边形网格、NURBS 曲面、曲线和变形细分曲面到服务器或本地磁盘。用户回放或渲染包含变形对象的场景以及想要减少 Maya 计算次数时，应使用此菜单工具。

3）Create Deformers 菜单中主要包含一些变形器，包括非线性变形器、晶格、融合变形、簇变形、包裹变形和线性变形等，可以用于制作一些复杂的变形动画，还可以用于建模。在制作动画时，变形器是经常使用的工具，应该掌握创建和设置编辑器的基本方法，为以后的深入学习打下基础。

4）Edit Deformers 编辑变形器菜单，主要包含与编辑变形器相关的命令和参数。

5）Skeleton 骨骼命令菜单，主要包含骨骼的创建和编辑等功能。除此之外还包括几种 IK 手柄的工具。模型之所以能动是因为有骨骼系统作为支撑，是由层级关系的关节和关节链构成的。这个菜单是必须掌握的内容，尤为重要。

6）Skin 菜单主要是蒙皮绑定以及权重编辑的功能菜单，蒙皮就是把模型绑定到骨骼上，让骨骼带动模型产生运动。Maya 蒙皮菜单主要分为刚性蒙皮和柔性蒙皮，柔性蒙皮系统功能强大，很多动画软件依然需要 Maya 蒙皮工具的协助。

7）Constrain 菜单是约束命令菜单，想要实现很多约束操作就要用到这里的很多约束功能。约束就是对物体运动所加的几何学方面或运动学方面的限制，如角色下班回家，拿起公文包，走出公司门口，骑车回家，这里有两种以上的物体被角色约束，一个是公文包，之前公文包不在手中，而下班则需要拿起公文包，另一个是角色骑着车回家，这时公文包和车子都是被角色所约束的物体。

8）Character 菜单是角色化功能菜单，将一个角色中的所有控制属性集合化，以便进行动画设置操作，同时也方便调动画。

9）Muscle 肌肉菜单，顾名思义，可以基于角色骨骼来创建肌肉，当骨骼产生运动时，肌肉也会产生挤压、拉伸、凸起和抖动。

 项目实施 《

任务 1　了解三维动画的制作和类型

1. 关键帧动画（Keyframe）

在制作过程中，单击 Animate→Set Key 命令（快捷键为<S>键），然后选择物体，设置相应的属性记录关键帧，并在曲线编辑器中编辑曲线，修改动画状态。关键帧动画一般应用于角色表演动画，是三维动画最重要的动画技术之一，如图 6-2 和图 6-3 所示。

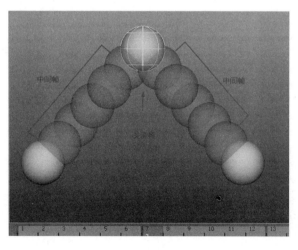

图 6-2

图 6-3

2. 路径动画（Attach to motion path）

路径动画是关于对象位移和旋转属性的一种动画产生方式，一般应用于沿路径运动的物体动画，如图 6-4 和图 6-5 所示。

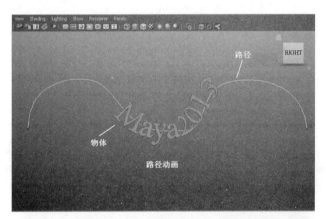

图 6-4

图 6-5

3. 驱动关键帧动画（Set Driven Key）

将某一属性参数与其他属性参数值连接在一起，称为驱动关键帧。例如，用 A 物体的甲属性驱动 B 物体的乙属性，改变 A 的属性，同时影响 B 属性而产生动画，称 A 为驱动物体，B 为被驱动物体。驱动关键帧动画一般应用于一些机械动画，或一个物体的动画触发另一个物体产生动画。下面的示例是一个折叠扇，从闭合到打开是应用驱动关键帧来完成的，如图 6-6 和图 6-7 所示。

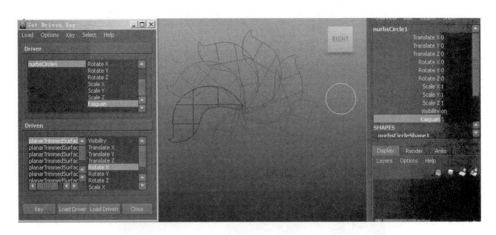

图 6-6

图 6-7

4. 动力学动画（Dynamic）

对自然物理现象的模拟，包括粒子动画、流体动画和物体之间碰撞动画。动力学动画在后期的特效课程中有详细的说明，此处不再赘述，如图 6-8 所示。

5. 表达式动画（Expression）

表达式动画采用面向对象的设计方法，可以方便地建立和改变模型与动画的设计，可以建立完全参数化的动画。制作表达式动画首先要学习 Maya 的 Mel 语言，在后期动力学模块中有对语言的细化讲解，最有代表性的就是大家熟知的变形金刚，如图 6-9 所示。

图 6-8

图 6-9

6. 动态捕捉动画（Motion Capture）

动态捕捉仪又可以叫做一套动态捕捉系统。通常的动态捕捉系统的硬件包含捕捉摄像机、连接缆线、供电及数据交流用的集线器硬件、系统校准套件、专用捕捉衣服和捕捉反光球。通常，动态捕捉系统配有专门的运动捕捉软件，进行系统设定、捕捉过程控制、捕捉数据的编辑处理和输出等。工作人员在特定的捕捉环境（如工作室、仓库、摄影棚等）下将系统搭设好，然后在演员的头部、膝盖和其他关节处贴好反光球捕捉点，即可进行捕捉。演员按照导演指定的要求进行表演，反光球的数据被摄像机捕捉后实时存储到控制计算机中。通常演员表演多组动作，系统操作人员对原始数据进行编辑、修补等处理后，再输出到如 Maya、3ds Max 等主流的三维软件中，动画师使用运动数据驱动后继软件中的三维模型的对应骨骼节点。

尽管目前的一些三维动画师对运动捕捉技术的看法还存在分歧，但运动捕捉在海外却早已被广泛应用，电影大片《变形金刚》、《星球大战》、《泰坦尼克号》、《角斗士》、《极地特快》中都有运动捕捉技术的体现。运动捕捉技术能够弥补动画师创作经验的不足，在角色动画、群体场景、影视特技、电脑游戏等方面都有着不可低估的作用。

　　下面是一些真人动态捕捉的画面，如图 6-10 所示。

图 6-10

任务 2　动画基本界面与命令

　　将 Maya 软件模块菜单栏切换到 Animation 动画模块，快捷键为<F2>键，如图 6-11 所示。

图 6-11

　　动画模块主要分为 9 个基本菜单，具体介绍在"知识准备"中已讲解过，这里不再重复介绍。

任务 3　基本关键帧命令

1. 设置关键帧动画

　　在场景中创建一个 NURBS 球体，选择此球体在第 1 帧时按下<S>键，为小球的全部属性设置关键帧，通道盒显示为红色，或选择此球体在第 1 帧时打开通道盒属性面板，选择要设置关键帧的属性，然后单击鼠标右键，在弹出的快捷菜单中选择 Key Selected，同样可以给小球记录一个关键帧，如图 6-12 所示。

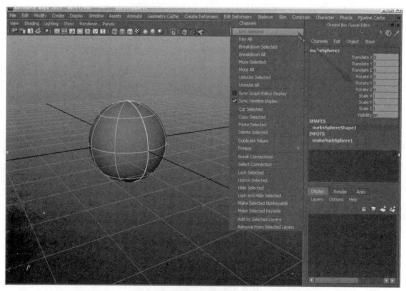

图 6-12

两种方法的区别在于，默认按<S>键是全部属性 K 帧，而在通道盒中选择性地设置属性是单独设置关键帧，如图 6-13 所示。

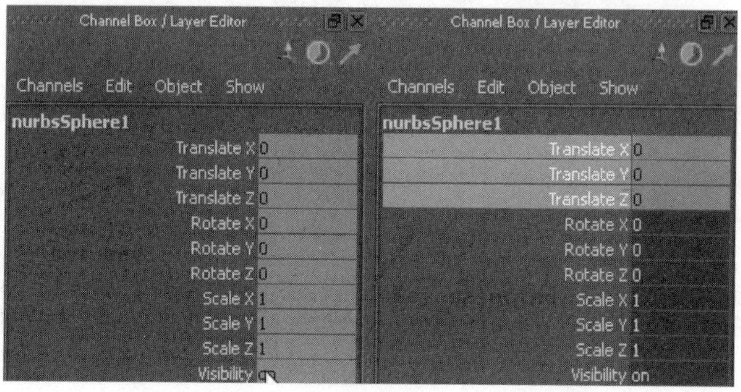

图 6-13

单击 NURBS 球体，改变时间，将时间指针从第 1 帧拖至第 10 帧，然后改变球体在位移方向上的变化，再次按住<S>键，这时产生了第二个关键帧。为 NURBS 球体创建在 X、Y、Z 3 个方向上的变化，从而产生球体位移动画，如图 6-14 所示。

2. 删除关键帧动画

对已经有关键帧动画的物体进行删除关键帧，方法有以下 3 种。

方法一：在时间上选择要删除的一个关键帧，单击鼠标右键，在弹出的快捷菜单中选择 Delete。删除多个关键帧，则按住<Shift>键加鼠标左键，选择删除范围，范围变为红色后单击鼠标右键，在弹出的快捷菜单中选择 Delete，如图 6-15 所示。

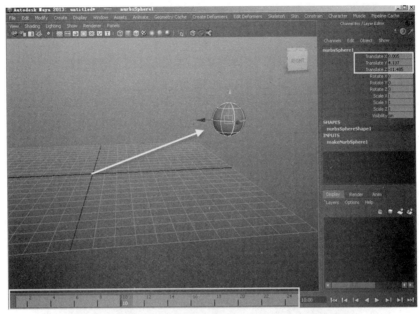

图 6-14

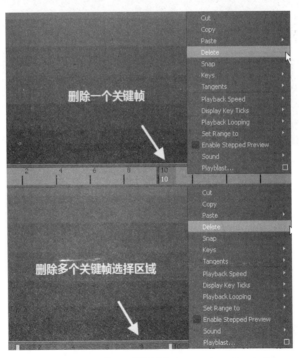

图 6-15

　　方法二：选择通道盒中需要删除的属性，单击鼠标右键显示面板菜单，然后单击 Break Connection，打断连接，这样也是一种删除关键帧的方式，如图 6-16 所示。

　　方法三：在曲线编辑器中删除关键帧。曲线编辑器是动画必不可少的属性编辑窗口，它可以更加系统化地修改、编辑和删除关键帧，如图 6-17 所示。

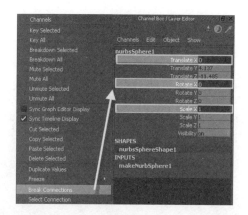

图 6-16

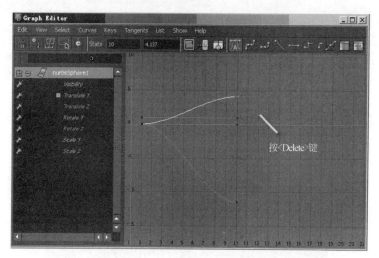

图 6-17

3. 编辑关键帧

编辑关键帧包括移动、缩放、剪切、复制和粘贴关键帧。

1）移动关键帧：在时间线滑块面板中，按下<Shift>键并用鼠标左键单击要进行移动的关键帧标识，这样会在所选择标识位置出现红色的方块标记，松开<Shift>键拖动被选中的关键帧标识到要移动的位置即可。在红色范围中的左右三角标记处按下鼠标左键并进行拖动，也可以移动当前所选择的关键帧，如图 6-18 所示。

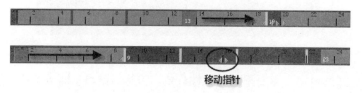

图 6-18

2）缩放关键帧：在红色范围左右外围的三角形标记处单击鼠标左键并进行拖动，可以将当前选中的动画时间长度进行等比缩放，如图 6-19 所示。

图 6-19

3）剪切关键帧：将时间线指针拖动到指定的关键帧标记位置，单击鼠标右键，在弹出的快捷菜单中单击 Cut（剪切）命令，可以看到在时间线上的当前位置的关键帧标记消失了，如图 6-20 所示。

图 6-20

4）复制和粘贴关键帧：将时间线指针拖动到指定的关键帧标记位置，单击鼠标右键，在弹出的快捷菜单中单击 Copy（复制）命令，移动时间线指针到某个时间后再次单击鼠标右键，在弹出的快捷菜单中单击 Paste（粘贴）命令，这样即可对关键帧进行复制和粘贴，如图 6-21 所示。

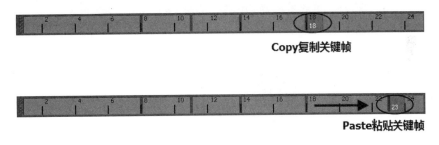

图 6-21

任务 4　了解不同的动画制作形式

1. 关键帧动画

Maya 动画的动画方式包括关键帧动画，非线性动画，路径动画和动作捕捉动画，驱动关键帧动画和表达式动画以及关联动画等。下面首先学习一下 Maya 的关键帧动画。

关键帧动画是以人类视觉原理作为基础的，如果快速地翻看一系列相关联的静态图片，那么就会感觉是在看一个连续的运动，每一个单独的图像可以称为帧，在 Maya 中可以把关键帧的动画理解为创建和编辑物体的属性随时间变化的过程。关键帧是一个标记，它表明物体属性在某个特定时间上的值。需要注意的一点是，在 Maya 中设置动画关键帧，不是给 Maya 中的物体，而是给物体上的属性，这一点要明确记住。

下面打开 Maya 新建一个小球，为小球设置关键帧动画，首先选择需要设置关键帧的小球，如图 6-22 所示。选择 Animation 菜单，也就是动画菜单，如图 6-23 所示。在动画菜单栏里可以使用 Animate 菜单中的命令来设置关键帧，如图 6-24 所示。

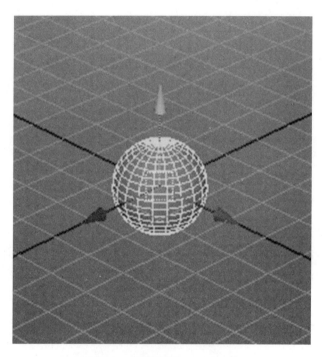

图 6-22

图 6-23

图 6-24

Set Key 即是设置关键帧，其后边的 S 是当前设置关键帧的快捷键，在设置关键帧时，可以在菜单中选择命令，也可以使用快捷键<S>键。

如何知道关键帧设置成功了呢？下面看一下 Maya 右侧的通道栏的标题属性。

默认创建的小球，属性通道栏中显示的是移动、旋转、缩放等固有属性，属性都是白色，当执行设置关键帧命令时，属性栏里的所有属性都变成了红色，所以，Set Key 可以称为设置关键帧，也可以称为全局 K 帧或全属性 K 帧，如图 6-25 所示。

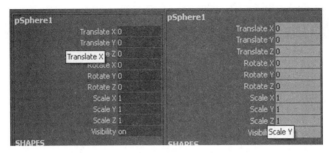

图 6-25

　　如果不需要给全部属性设置关键帧，只需要给移动或旋转属性设置关键帧，则可以使用快捷键，<W>、<E>、<R>键对应的是移动、旋转和缩放，按住<Shift>键执行<Shift+W>、<Shift+E>和<Shift+R>，即可得到单独给移动、旋转、缩放属性设置关键帧的效果，如图 6-26 所示。

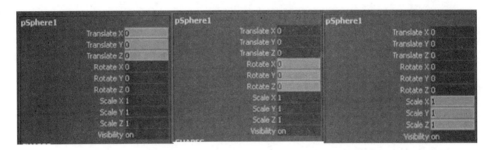

图 6-26

　　如果只想为物体的一个或多个属性设置关键帧，则可以在通道栏中选择需要设置关键帧的属性，然后单击鼠标右键，在弹出的快捷菜单中单击相应的命令，以设置关键帧，如图 6-27 所示。

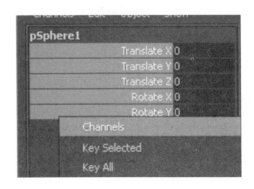

图 6-27

　　之前已经对 Maya 动画做了定义，此处再重复一下，动画是创建和编辑物体的属性随时间变化的过程，在动画中有两个最关键的元素，即物体的属性和时间的变化。刚才讲的是物体的属性，下面将具体介绍 Maya 中的时间，如图 6-28 所示。

图 6-28

在工作区的最下方就是 Maya 动画的时间线，传统的动画和电影制作标准都是 24fps。动画是以视觉原理作为基础的，视觉原理中包含视觉暂留原理，即物体在快速运动时，当人眼所看到的影像消失后，人眼仍能继续保留其影像 1/24s 左右的图像。电视是 25fps，因为电视是数字模拟信号，25fps 对应的是 50Hz 的工频交流电，而美国的电视是 30fps，这些仅了解即可。

Maya 的时间线显示的数字就是时间换算的帧，这说明了 Maya 中的时间是以帧的形式显示的。

那么，如果要用 Maya 制作电影或电视影片，需要设置 24fps 或 25fps，应在哪里进行设置呢？

如图 6-29 所示，在工作区的右下角有一个小图标，单击此图标，弹出设置面板，此处重点讲解两个需要修改的地方。

图 6-29

一个是在 Settings 界面下，在 Time 下拉列表框中可以设置需要的制式，此处设置为 Film（24fps），即电影制式，如图 6-30 所示。

另一个是在 Time Slider 界面下，在 Playback speed 下拉列表框中选择 Real-time[24fps]，即设置为 24fps 的播放时间，然后单击 Save 按钮保存设置，如图 6-31 所示。

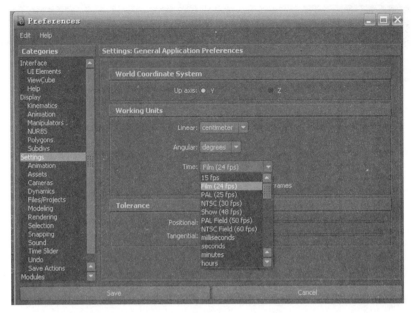

图 6-30

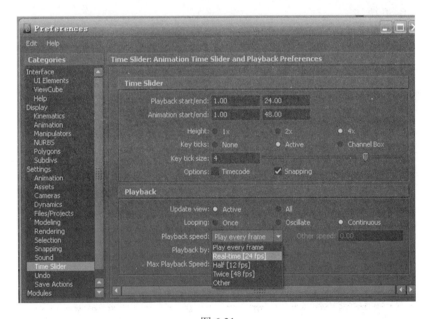

图 6-31

现在来看一下关键帧在时间线上的显示，时间线下面的 4 个数字，首尾两个数字是时间线的总范围，中间的两个数字是时间线的显示范围，中间是时间滑动条，如图 6-32 所示，可以在时间总范围内拖动，以选择需要显示的时间范围。在时间滑动条上的时间线上可以滑动或点选需要设置关键帧的对应时间位置。时间线上选择第 1 帧，然后选择小球，按<S>键，给小球设置一个全局关键帧。这时在时间线上第 1 帧的位置会显示一个红色的竖线，如图 6-33所示。

图 6-32

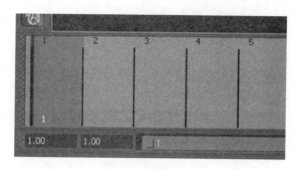

图 6-33

此时在第 1 帧小球有一个关键帧，如果不需要这个关键帧，则可以使用鼠标选到第 1 帧的位置上，然后单击鼠标右键，在弹出的快捷菜单中选择 Delete，删除关键帧。

接着，在时间线上选择到第 24 帧的位置，将小球移动一下位置，按<S>键设置关键帧，如图 6-34~图 6-36 所示。

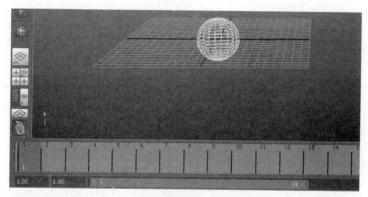

图 6-34

图 6-35

图 6-36

设置完这两个关键帧后学习一下时间线右侧这几个图标的作用。图标设计得很人性化，很好理解，中间的两个箭头是向前播放和向后播放，带有红色箭头的一个是向前一个关键帧，一个是向后一个关键帧，关键帧显示的是红色的竖线。不带红色箭头、有个灰色箭头的这两个是向前和向后一帧，最外侧的两个图标是到播放的开始和到播放的结尾。单击向后播放键，即可看到刚才设置的关键帧动画效果。

第 1 帧给小球的位置设置一个关键帧，第 24 帧时把小球移动到另一个位置设置关键帧。1~24 帧时间的变化，小球从一个位置到另一个位置变化。这就是一个最基础的关键帧动画，重点还是要理解动画的概念，即动画是创建和编辑物体的属性随时间变化的过程。

我们可以根据当前两个关键帧继续添加关键帧，让当前的小球跳起来，下面介绍一个小球弹跳的实例，在 1~24 帧中间的第 13 帧添加一个小球在空中的关键帧播放，这样就会有一个小球弹起再下落的粗糙动画，如图 6-37 所示。

图 6-37

这个小球弹跳看起来和我们平时看到的不一样，在这里简单地讲解一下小球弹跳的知识点。球下落是因为重力作用，小球向上跳跃时力量受到重力作用的影响会有衰减，即弹起很快，但在空中会逐渐减速。球下落时也会受重力作用的影响，而且下落时还有惯性力的出现，这使得球下落的速度越来越快，即下落时会出现力的加速，我们看到的真实世界的球是有力的加速和力的减速的，而 Maya 默认 K 帧的动画相对都是匀速的，所以会觉得和真实的小球弹跳效果不一样，那么如何修改动画让小球运动起来既有力的加速又有力的衰减效果呢？下面将学习决定动画状态的关键内容，即 Graph Editor（曲线编辑器），曲线编辑器的菜单栏位置如图 6-38 所示。

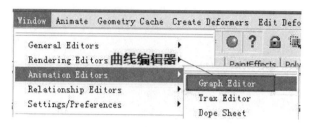

图 6-38

选择控制器，打开曲线编辑器，即可看到小球的运动曲线。下面介绍曲线编辑器的面板，具体如图 6-39 和图 6-40 所示。

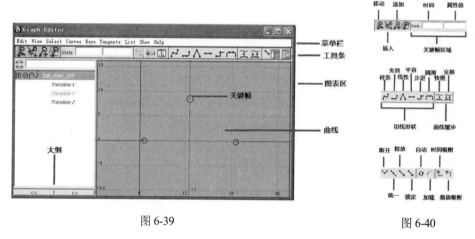

图 6-39

图 6-40

下面运用具体属性，调整粗糙动画的状态。首先选中 Y 轴，执行断开曲线的命令，此时曲线手柄出现了颜色上的变化，这时再去移动两侧手柄只对相应的一边曲线有影响，如图 6-41 所示。

断开手柄的目的是为了更自由地调整曲线左右两边的状态，然后制造小球落地迅速，滞空真实的感觉。打断曲线后，选择首尾两个关键帧处的内侧曲线，将其向上提高，使曲线呈半圆弧的形状，如图 6-42 所示。

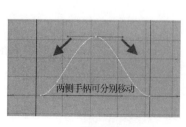

图 6-41

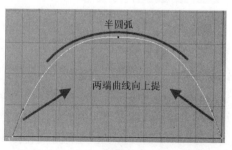

图 6-42

调整后小球弹跳的状态发生了变化，有了我们想要的效果。

2. 驱动动画

Maya 中有一种特殊的关键帧，称为驱动关键帧，它把一个属性数值与另一个属性数值连接在一起。对于一般的关键帧，Maya 在时间上为属性数值设置关键帧。对于驱动关键帧，Maya 根据"驱动属性"的数值为"被驱动数行"的数值设置关键帧。当"驱动属性"的数值发生变化时，"被驱动属性"的属性也会相应地发生改变。

驱动关键帧的用途很广泛，它可以应用于一般的动画中，也可以应用于复杂的角色动画中。我们可以用一个属性驱动多个属性，也可以使用多个属性来驱动一个属性。例如，肘部旋转时，可以使肌肉凸起，而当手腕旋转时，可以使肌肉更加地凸起。

下面应用驱动关键帧来做一个简单易懂的实例，即制作一个机关暗门，和现代的电梯类似，就是一个把手或按钮，我们拉一下或按一下，门就会打开，相信大家在观看《侠岚》这部影片的时候应该有印象。下面打开 Maya，把时间线和播放时间改为 24fps，并完成基本的动画准备工作。下面介绍具体的操作步骤。

1）创建基本模型。创建几个简单的机关暗门模型部件，如图 6-43 所示。

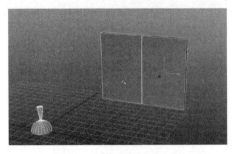

图 6-43

需要注意的是，开关的手柄和门的中心点需要修改到合理的位置，如图 6-44 所示。

图 6-44

模型制作完成后学习一下驱动关键帧的面板以使用，如图 6-45 所示。

2）在动画菜单下，找到 Set Driven Key 驱动关键帧命令，在子菜单中选择 Set，打开驱动关键帧设置面板，如图 6-46 所示。

面板分为两个区，上面的 Driver 是驱动者，下面的 Driver 是被驱动者。现在想一下，谁是驱动者，谁是被驱动者呢？我们要的效果是开关开门，所以驱动者是开关，被驱动者是门，为了方便制作可以把开关和门的模型名字都修改一下。下面有 4 个指令，第一个 Key 是 K 帧，现在看属性是灰色的，即不可用状态，说明现在制作驱动关键帧的条件还不具备，后边的两个是导入驱动者和导入被驱动者命令，最后一个是关闭。改完名字后，把驱动者和被驱动者都导入到相对应的对话框中，如图 6-47 所示。

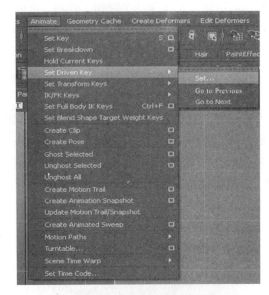

图 6-45

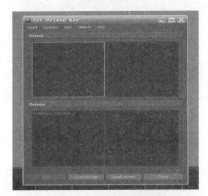

图 6-46

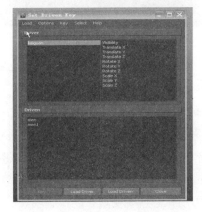

图 6-47

3）现在驱动者和被驱动者都有了，但是 Key 还是灰色的，即不可用，说明只有驱动和被驱动物体是不够的。在面板的右侧有属性栏，这也是需要记住的一点，即驱动关键帧驱动的不是物体，是属性驱动属性。动一下开关，确定开关的旋转 X 轴为驱动属性，再动一下门，确定门的旋转 Y 轴为被驱动属性，如图 6-48 所示。

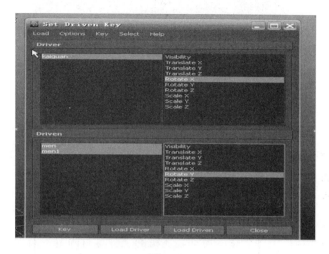

图 6-48

4）现在驱动者、被驱动者、驱动属性和被驱动属性都有了，Key 按钮显示，即为可用状态，说明现可以设置驱动关键帧了。驱动关键帧动画最少需要两个状态，即当前的开门实例最少需要两个驱动关键帧状态，一个开门帧、一个关门帧。在选择了对应的物体和属性的状态下，单击 Key 按钮创建当前的关门帧，看一下右侧通道属性栏，K 帧的属性有没有变成红色，变色则说明 K 帧成功。设置成功后，把门和开关状态调节成开门状态，在驱动关键帧面板中再次单击 Key 按钮，然后旋转开关的 X 轴，即可得到一个暗门开关效果，如图 6-49 和图 6-50 所示。

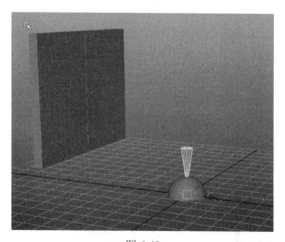

图 6-49

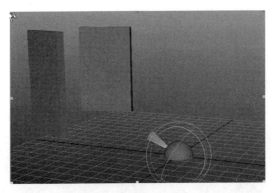

图 6-50

3. 路径动画

路径动画是指将物体置于路径曲线（由 NURBS 曲线定义）上，用路径上的点决定物体在某个时刻所处的位置。

简单来讲，路径动画要具备的先决条件就是必须要有一个可供选择的路径，然后让物体沿着路径进行运动。

路径动画的应用很广泛，如鱼的游动、飞机的飞行等有固定方向和飞行路线的，都可用路径动画来快速实现。

下面介绍一下路径动画菜单栏的位置和相关命令，菜单栏的位置如图 6-51 所示。

图 6-51

在路径动画主选项下的子菜单中有 3 个选项，下面对其中的参数进行详细讲解。

（1）Set Motion Path Key（在路径上设置关键帧）

Set Motion Path Key 的菜单位置如图 6-52 所示。

图 6-52

1）具体功能：在现有的路径经动画上设置关键帧，Maya 会连接不同的运动路径关键帧的位置，自动生成一条运动路径。

2）使用方法：选择要动画的物体，然后在不同的时间改变物体位置，最后单击执行即可。

3）应用范围：需要设定路径动画，又不想事先创建路径动画，则可以执行这个命令。

（2）Attach to Motion Path（设置路径动画）

Attach to Motion Path 的菜单位置如图 6-53 所示。

图 6-53

1）具体功能：使物体沿着现有的 NURBS 曲线运动，这条曲线称为 Motion Path（运动路径），路径可以是 3D 曲线，也可以是表面曲线，如果路径是表面曲线，则运动物体在表面上沿曲线运动。

2）使用方法：首先选择要动画的物体，然后按住<Shift>键选择路径曲线，最后单击执行。

Attach to Motion Path Options 窗口如图 6-54 所示，窗口中的各参数含义介绍如下：

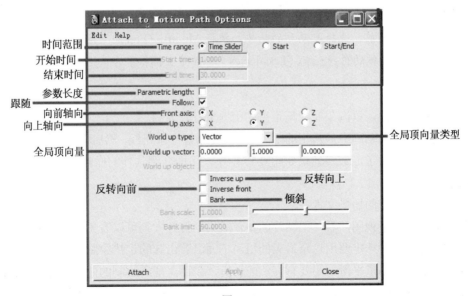

图 6-54

①Time Range（时间范围）。

②Start time（开始时间）：设置路径动画的开始时间。

③End time（结束时间）：设置路径动画的结束时间。

④Parametric length（参数长度）：使用参数长度方式可以容易地得到物体的平滑运动。

⑤Follow（跟随）：勾选该复选框，物体在沿路径运动时，Maya 会自动调整物体的方向。

⑥Front axis（向前轴向）：设定物体哪个轴向向前，可以任意选择 X、Y、Z 轴作为朝前轴向。

⑦Up axis（向上轴向）：设定物体哪个轴向向上，可以任意选择 X、Y、Z 轴作为向上轴向。

⑧World up type（全局顶向量类型）：设定全局顶向量类型。

⑨World up vector（全局顶向量）：设定全局顶向量。

⑩Inverse up（反转向上）：物体的 Up axis 和顶向量的反向对齐。

⑪Inverse front（反转向前）：物体的 Front axis 和前向量的反向对齐。

以上这些参数会在后面的综合实例中运用。

小注解：

Set Motion Path Key（在路径上设置关键帧）得到的是路径动画，不是普通的关键帧动画，既然是路径动画，就可以用来调整路径和影响动画。

对于路径动画，Maya 使用前向量（Front vector）和顶向量（Up vector）来确定物体的方向，并把物体的局部坐标轴（Local axes）和这两个向量对齐，需要的两个局部坐标轴分别是 Front axis（前方轴）和 Up axis（向上轴）。所以路径动画核心需要设定 4 个方向：前向量（Front vector），顶向量（Up vector），Front axis（前方轴）和 Up axis（向上轴）。其中，前向量会根据顶向量而生成，但可以反转前向量得到。

小技巧：

在制作路径动画之前，选择要动画的物体，执行 Modify→Freeze Transformations（冻结坐标）命令，即可使物体的自身坐标（Local axes）和世界坐标轴重合，这个方法同样适用于约束等操作。

学习制作路径动画，以汽车在崎岖不平的山地上行驶为例。

汽车的行驶是路径动画中最常用的部分，只要先画好一条路线，然后将汽车放在路径上，就会有真实的行驶效果了，最终效果如图 6-55 所示。下面介绍具体的操作步骤。

1）创建路径。

①打开事先准备好的场景文件。

②打开后旋转一下视图，看一下图片的整体效果，打开大纲可以看见汽车的最大的组，在这里制作路径动画时一定要用这个最大的组。下面沿着山脉的走势绘制一条 CV 曲线，绘制时要注意，曲线要尽量平滑，不要有突然的转折，为了保证所绘制的曲线和我们创建的曲面完全贴合，要使用吸附工具，吸附工具在菜单栏上的快捷图表如图 6-56 所示。

图 6-55

吸附

图 6-56

③选择创建好曲面，然后单击吸附，执行后曲面呈如图 6-57 所示的状态。

④当曲面呈现这种状态后，再在上面绘制路径曲线时，曲线就会完全地吸附曲面上，而且贴合完成，确保了路径与场景的匹配度。吸附曲面后绘制的曲线如图 6-58 所示。

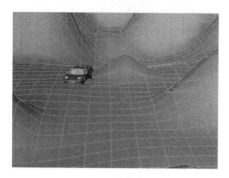

图 6-57

图 6-58

⑤执行 Surfaces→Edit curve→Reduild curve（重建曲线）命令，这样可以使曲线更圆滑。只有曲线圆滑，汽车的运动才会流畅。

⑥绘制路径。选择山丘后单击吸附平面按键，然后绘制路径，这样曲线路径和场景中的山丘起伏就相互匹配了。绘制调整后的效果如图 6-59 所示。

2）执行路径动画。

调整好路径后执行路径动画命令，执行前要把汽车的轴心点回归到自身，回归后才能保证轴心点的位置和物体自身一致。然后打开路径动画后面的文本框，在文本框的时间滑块中先设置路径动画的开始和结束时间，这里设定的开始时间是 1.0000，结束时间是 200.0000，具体如图 6-60所示。

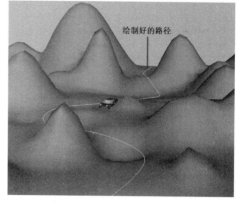

绘制好的路径

图 6-59

接着，选择路径，再加选汽车的最大的组，执行 Attach to Motion Path（设置路径动画）命令，执行后可以看见路径的首尾有了数字显示，这个数字就是之前设置的路径动画的首尾时间，效果如图 6-61 所示。

执行路径动画后可以发现汽车的朝向发生了偏移，如图 6-62 所示。

此时需要调整汽车的前进方向，选择汽车上的路径的大组，然后按<Ctrl+A>组合键，打开汽车的属性栏，选择 motionPath 属性后弹出如图 6-63 所示的界面。

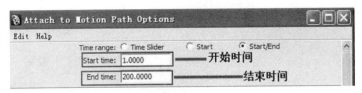

图 6-60

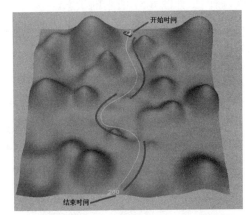

图 6-61

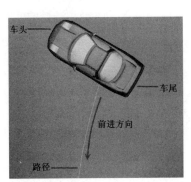

图 6-62

图 6-63

在这里要选择 Front Axis 属性，这个属性有 X、Y、Z 3 个朝向可以选择。尝试调整一下，调整的属性如图 6-64 所示，可以看到先前的 Z 轴正好是汽车前进的正方向，调整后播放一下，可以直观地看到汽车在正确的方向上，沿着路径向前行驶，如图 6-65 所示。

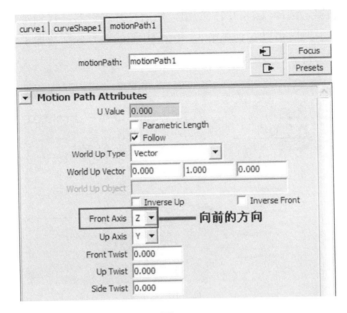

图 6-64

下面通过设置路径动画关键帧来调整汽车动画的状态。

3）设置路径动画关键帧并调整动画。

此处选择 35~70 帧这部分来说明。执行路径动画命令后汽车是按照路径匀速运动的，因为汽车在山上肯定不是匀速运动，所以要手动添加关键帧来控制汽车的运动速度。首先拖动时间滑动条调到 35~70 帧的部分，可以看到这部分有转弯的过程，在转弯前要减速时设置一个路径动画关键帧，然后在转弯后再设置一个关键帧，设置后在路径上会有数字显示，这就表明这部分设置了关键帧，具体如图 6-66 所示。

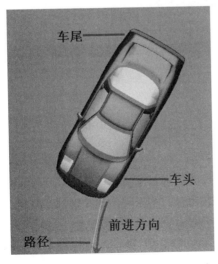

图 6-65

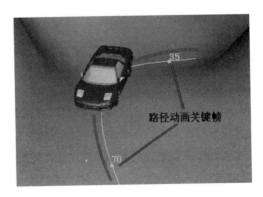

图 6-66

再打开曲线编辑器，选择汽车的最大的组，然后打开编辑器，找到带有 motionPath（路径动画）字样的曲线，此时可以看到在第 35 和第 60 帧的地方分别增加了两个关键帧，利用这两个关键帧进行汽车行驶速度的调整，具体如图 6-67 所示。

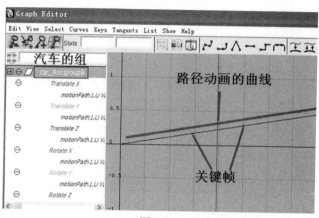

图 6-67

调整汽车在转弯前减速，在弯道后加速，具体如图 6-68 所示。

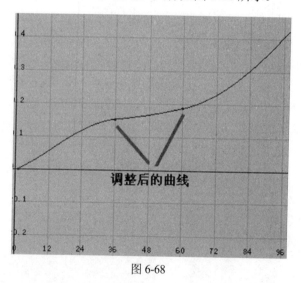

图 6-68

在这里调整的部分就不作过多的讲解了，反复练习后即可熟练运用此方法。

小注解：

在制作路径动画前，无论是路径还是物体都要设行冻结坐标命令，这样才能保证坐标轴的方向。在为路径动画添加关键帧时，要选中路径所在的组。路径动画的关键帧曲线是深蓝色的，这点和以往普通的关键帧颜色不同。

绘制的路径，在一开始时尽量不要有转弯，这样可以确保路径动画的初始状态和方向是笔直向前的。

（3）Flow Path Object（物体跟随路径）

Flow Path Object 的菜单栏位置如图 6-69 所示。

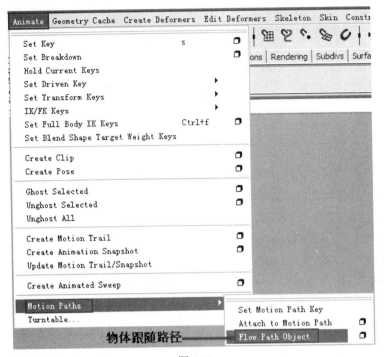

图 6-69

1）功能：物体在沿路径运动时，使其跟随路径或曲线形状的改变而改变，从而创建一种比较真实的效果。Maya 会在路径动画物体上创建晶格或在路径曲线上创建晶格，以实现跟随变形。

Flow Path Object Options 窗口如图 6-70 和图 6-71 所示，下面详细介绍窗口中各参数的含义。

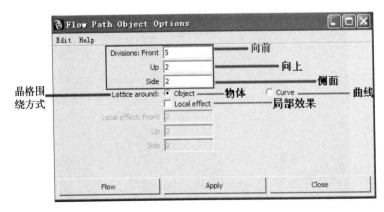

图 6-70

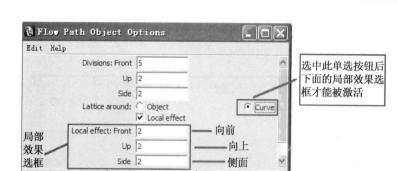

图 6-71

①Divisions（细分）：设定细分晶格的数目，可以在 Front（向前）、Up（向上）、Side（侧面）3 个栏中设定细分段数，参数值越大，物体的跟随变形效果越细腻，越贴合运动路径。

②Lattice around（晶格围绕方式）：

Object（物体）——围绕路径物体创建晶格。

Curve（曲线）——围绕运动路径创建晶格。

③Local effect（局部效果）：设定在局部影响动画变形的晶格切片的数目，可以在 Front（向前）、Up（向上）、Side（侧面）3 个栏中设定细分段数，尤其当 Lattice around 参数设置为 Curve 时，可以改善跟随变形的效果和避免一些错误。通常情况下，Curve 单选按钮是选中状态，以调整局部变形的效果。Local effect 的数值应和能够覆盖的物体的晶格分割数量相当，而 Divisions 的参数值是控制整体效果的，参数值越大，效果越细腻。

2）应用范围：Attach to Motion Path（连接到路径动画）常常和 Flow Path Object（物体跟随路径）联合使用，制作路径动画，使得物体在沿路径运动的同时，还可随路径曲线形状的改变而改变。

下面以鲨鱼游动的动画为例，进行实例讲解。实例图片展示如图 6-72 所示。下面介绍具体的操作步骤。

图 6-72

①打开鲨鱼模型，选择物体，可以看到其属性面板非常干净，保留了模型的一些操作历史，那么实际操作时会遇见软件在计算方面的错误。鲨鱼的模型如图 6-73 所示。

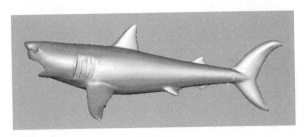

图 6-73

②用 NURBS 曲线绘制鲨鱼的运动路径，路径设置时要有一定的弯曲程度，这样一是可以符合鱼游的运动规律，二是可以体现实例的效果。路径绘制完成后使用重建曲线（Rebuild Curve）命令增加曲线的点数，保证曲线的圆滑，如图 6-74 所示。

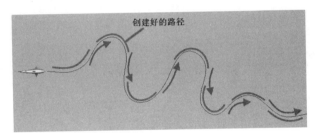

图 6-74

③路径绘制完成后执行 Attach to Motion Path 命令，把曲线和鲨鱼的轴心点归到各自物体的中心，要事先调整好时间的长度，这里设定路径动画的长度为 100 帧。设置好时间长度后执行命令，完成效果如图 6-75 所示。

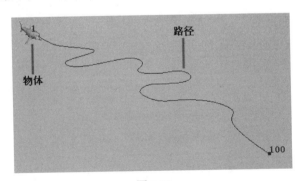

图 6-75

下面使用 Flow Path Object 命令来制作鲨鱼游动中的柔软效果。

已经制作好的鲨鱼的路径动画的基础上，使用 Flow Path Object 命令来制作鲨鱼游动中的柔软效果，如图 6-76 所示。

①打开之前制作好的鲨鱼游动的路径动画文件。打开文件后可以看到一条做了路径动画

的鲨鱼，如图 6-77 所示。

图 6-76

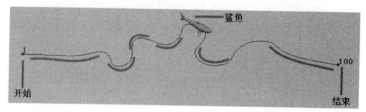

图 6-77

②拖动时间条滑块时可以看到，鲨鱼在沿着路径游动时，身体是没有柔软过渡的，特别是在转弯时身体是僵直的，现实生活中的鱼是不会这样游动的，解决这个问题的方法就是使用 Flow Path Object 命令。选择做了路径的物体，注意这里是使用鲨鱼的组做的路径动画，所以要选择鲨鱼的组，参数栏保持默认选项不更改，单击 Flow Path Object 命令，执行后可以看到鲨鱼的身上出现了晶格显示，如图 6-78 所示。

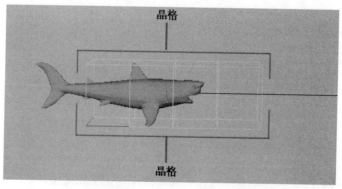

图 6-78

③播放动画，观看效果，可以发现鲨鱼的身体在游动时柔软了许多，更符合真实的运动规律了，但是在遇到转弯时，鲨鱼的身体有明显的穿插，如图 6-79 所示。

从图 6-79 中可以很清楚地看到，鲨鱼的身体在晶格的外面，晶格没有完全包裹住鲨鱼的身体，这就是造成穿插的原因所在。下面调整一下晶格的大小，让它能正好包裹住鲨鱼的身体，此时选择晶格执行缩放，可是却发现晶格的大小没有发生一点改变，原因是在创建时是有两个晶格产生的，但是在视图中无法看见，只有打开大纲后才能看见，具体如图 6-80 所示。

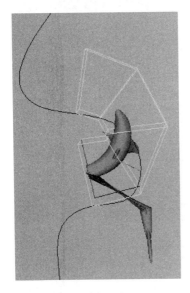

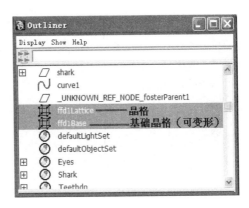

图 6-79   图 6-80

尝试将两个都选中，然后缩放一下，可以很直观地看到它们之间的不同和变化，而其中带有 Base 字样的晶格要在大纲中点选后才能在视图中显示，如图 6-81 所示。

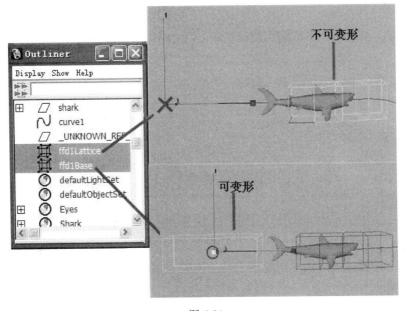

图 6-81

④在大纲中选中基础晶格缩放的同时,可以直观地看到物体身上的晶格也会相应有变化,下面调整大小,让晶格完全包裹住鲨鱼,如图 6-82 所示。

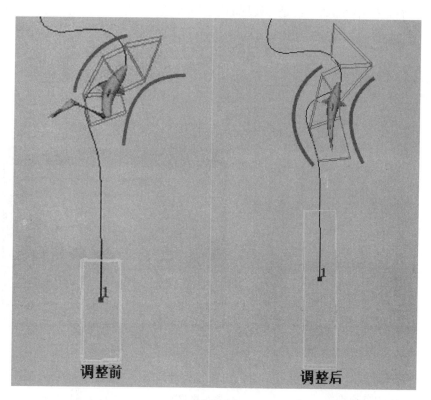

图 6-82

⑤鲨鱼在路径的游动过程中没有穿插后,接下来的工作就是调整鲨鱼游动时的柔软程度。选中物体晶格,在相应的右侧属性通道栏中可以看到如图 6-83 所示的属性。

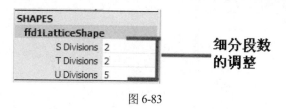

图 6-83

⑥我们要通过这个属性来调整鲨鱼运动时的柔软细腻程度。尝试改变这 3 个数值,查看对应的晶格有什么变化。在改变 U 向的数值时,加高段数后可以看到鲨鱼的身体在转弯时有了明显的变化,如图 6-84 所示。

此时单击播放键,看到鲨鱼因为添加了跟随路径的晶格后,游动时身体变得柔软又自然了,这是 Flow Path Object 命令的主要功能的体现。

⑦截取鲨鱼游动时的静帧图,观察最后的效果,如图 6-85 所示。

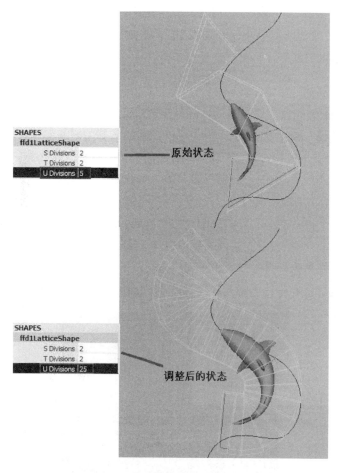

图 6-84

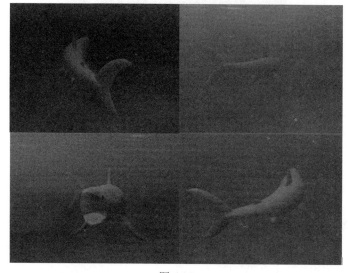

图 6-85

小注解：

在调整晶格时，要在大纲当中选择带有 Base 后缀字样的晶格进行大小的调整，并且在调整时一定要让晶格完全包裹住物体，这样才不会在运动时出现穿插现象。

4. 非线性动画编辑

Maya 利用 Trax 编辑器，对所有的 Animation Sequence 都进行了阶层化，这样就可以进行 Nonlinear（非线性）编辑了。它还可以对 3D 动画的所有关键帧都进行片断化，然后复制、粘贴，或把具有不同动作的片段相互混合，再把两个动作自然地连接在一起。此外，它可以很容易地调节这些动画的 Timing，还可以很容易地处理重复动作等一系列的动画编辑工作，还可以把这些片断在其他的场景上输出，进行再次活用。将各种动作片断化后进行保存，然后根据不同的需要，打开适当的片段，即可制作出新的动作。

现在打开 Maya，操作一下非线性动画编辑在 Maya 中的功能。

Creat Clip 功能是为已有关键帧动画的 Character（角色）创建动画片段，它会给没有 Character 的动画物体按照物体名称自动创建一个 Character 命令，如图 6-86 所示。

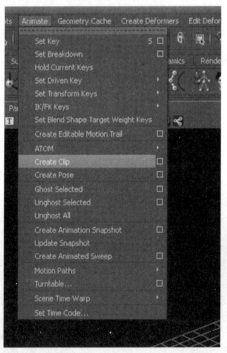

图 6-86

动画片段可以保存起来，用时再将其从 Visor 面板调入到 Trax 编辑器中，可以反复使用和编辑，如图 6-87 和图 6-88 所示。

单击主菜单中的 Animate→Create Clip→□图标，打开 Create Clip Options 窗口，如图 6-89 所示。下面详细介绍窗口中各选项的含义。

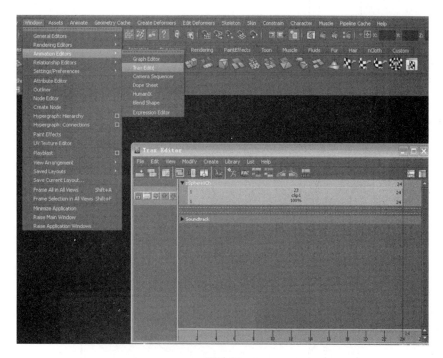

图 6-87

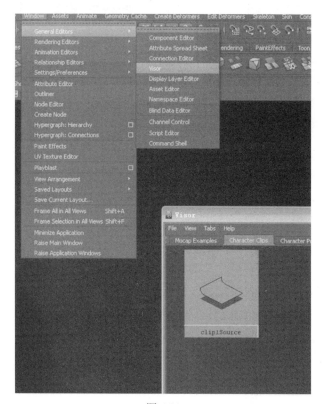

图 6-88

图 6-89

1）Name：给将要创建的片段命名。

2）Time range：时间范围，有以下 4 个单选按钮。

①Selected：在时间线上选择的时间范围。按住<Shift>键在时间线上选择片段的时间范围。

②Time Slider：使用时间线上开始到结束的时间范围。

③Animation curve：使用动画曲线的时间范围。

④Start/End：手动设置时间范围。

3）Start time：设置开始的时间。当选中 Start/End 单选按钮时，此项才开启。

4）End time：设置结束的时间。当选中 Start/End 单选按钮时，此项才开启。

5）Subcharacters：子层级角色，有以下两个复选框。

①Include subcharacters in clip：创建包含子层级角色的动画到片段中，默认为勾选状态。

②Include Hierarchy：启用后，选定对象之下的层次将包括在片段中。禁用后，只有选定对象本身包括在片段中。

6）Keys（关键帧）：Leave keys in timeline 是指允许关键帧留在时间线上。取消勾选时（默认选项），Maya 会把物体的关键帧全部删除。勾选此复选框时，创建片段的同时不会把物体的关键帧删除。可以使用这些关键帧再创建其他片段。

7）Clip：片段的存放位置，有以下两个单选按钮。

①Put clip in Visor only：仅把片段放在 Visor 面板中。

②Put clip in Trax Editor and Visor：把片段放在 Trax 编辑器和 Visor 面板中（默认选项）。当 Leave keys in timeline 复选框为勾选状态时，此项不可选。

8）Time warp（时间扭曲）：Create time warp curve 是指创建时间扭曲。时间扭曲可以在不改变动画曲线的情况下改变动画的时间。

小注解：

当创建角色后想把关键帧保留在时间线上，但又忘记勾选 Leave keys in timeline 复选框时，可以在 Trax 编辑器中右键单击片段，在弹出的快捷菜单中勾选 Activate Keys 复选框，即可在时间线上或曲线编辑器中对关键帧进行编辑操作。当把片段从一个角色动画中复制、粘贴到另一个角色动画中时，两个角色的物体属性最好相同，如图 6-90 所示。

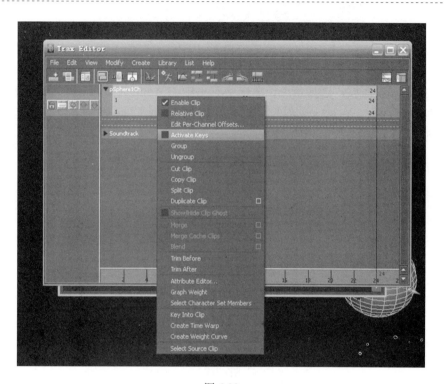

图 6-90

下面利用片段制作一段跑步循环动画，效果如图 6-91 和图 6-92 所示。

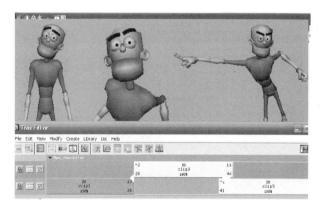

图 6-91

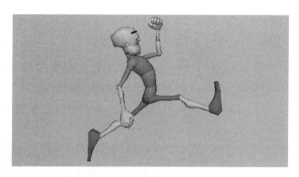

图 6-92

①打开 Outline 面板，选择角色。单击主菜单中的 Animate→Create Clip→□图标，打开创建片段选项面板。在默认选项的状态下，单击 Create Clips 按钮，为其创建一个名为 clip1 的动画片段。这时在 Visor 面板的 Character Clips 选项卡下可以看到 clip1Source 节点，如图 6-93 所示。

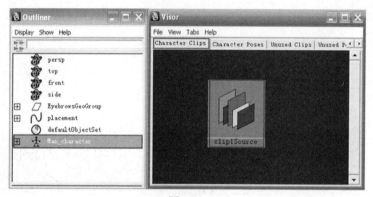

图 6-93

②单击主菜单中的 Windows→Animate Editors→Trax Editor 命令，打开 Trax 编辑器面板，可以看到 clip1 动画片段已经在 Man_character 轨迹上了，如图 6-94 所示。

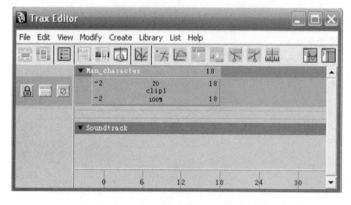

图 6-94

③右键单击 Trax 编辑器中的 clip1 动画片段，在弹出的快捷菜单中单击 Copy Clip（复制片段）命令，如图 6-95 所示。

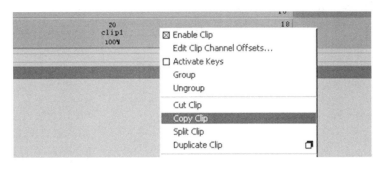

图 6-95

④将时间条滑块移至 clip1 结尾处，然后在空白处单击鼠标右键，在弹出的快捷菜单中单击 Paste Clip（粘贴片段）命令，如图 6-96 所示，这样两个片段就连接在一起了。

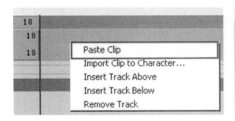 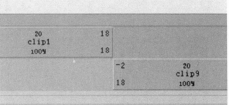

图 6-96

⑤播放动画时可以发现，角色动画按原始动画又重复了一次，利用此方法再复制几个片段，然后连在一起就生成了一段跑步循环动画。

同理，我们可以把角色中不同的动画创建成片段，然后放到 Trax 编辑器中进行编辑，这样就可以做出意想不到的动画效果！

为 Character（角色）制作完动画后，可以使用 Create Pose（创建姿势）命令为角色在当前帧上的动作保存一张姿势快照，命令位置如图 6-97 所示。姿势可以像片段一样在 Trax 编辑器面板中对其进行复制、粘贴和时间上的改变。与 Clip 不同的是，它只保存角色当前一帧的动作，而不是一段时间范围内的动画。

单击主菜单中的 Animate→Create Pose→□ 图标，会弹出 Create Pose Options（创建姿势选项）窗口。它的参数设置很简单，只有 Name（命名）一项，如图 6-98 所示，只要为将生成的 Pose 输入名称，然

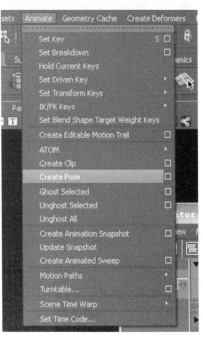

图 6-97

后单击 Create Pose 按钮即可。和 Clip 一样，它可以在 Visor 面板中找到生成的 Pose，可以利用鼠标中键将其拖入 Trax 编辑器中进行编辑，如图 6-99 和图 6-100 所示。

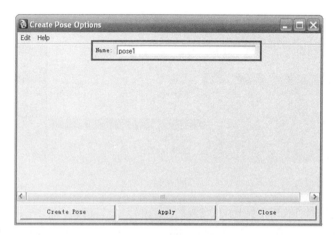

图 6-98

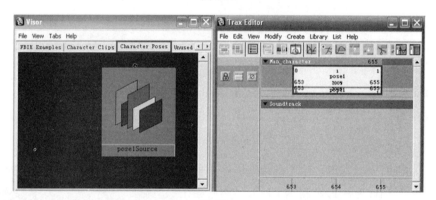

图 6-99

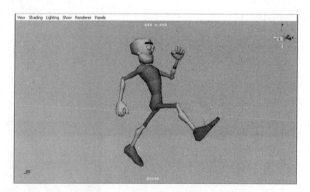

图 6-100

在物体 Character 的选中状态下，在菜单栏中单击 Animate→Create Pose 命令，为其创建一个 Pose，如图 6-101~图 6-103 所示。

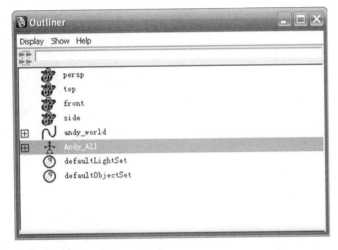

图 6-101

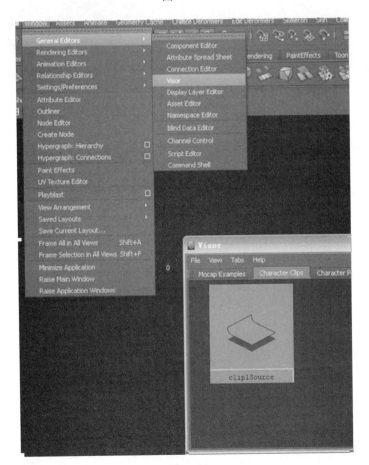

图 6-102

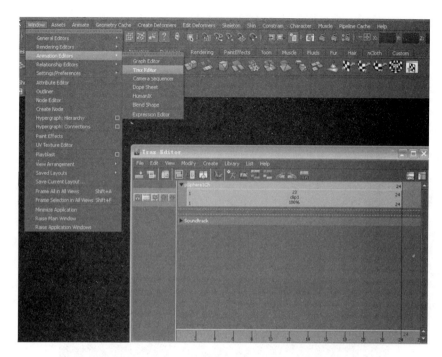

图 6-103

在 Visor 面板中，将创建好的 Pose 节点用鼠标中键拖到 Trax 编辑器中，这时，即可在 Trax 编辑器中编辑角色动画。

5. Expression Editor（表达式编辑器）

表达式编辑器的命令位置如图 6-104 所示。

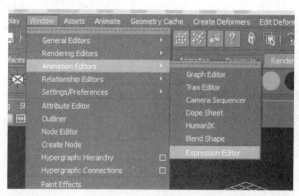

图 6-104

Expressions 是可以随时输入控制属性的命令行，为复杂的关键帧任务提供了一种选择。在关键帧设置中，设置属性值可以在选定的关键帧中进行，然后再由 Maya 添加关键帧中间的行为。

Expression Editor 窗口如图 6-105 所示，下面具体介绍窗口中各参数的含义。

图 6-105

1）Select Filter：选择过滤器菜单，有以下 3 个单选按钮。

①By Expression Name：通过表达式名称选择。

②By Object/Attribute Name：通过物体属性选择。

③By Script Node Name：通过脚本节点选择。

2）Insert Functions：添加函数菜单，如图 6-106 所示，有以下 6 个选项。

图 6-106

①Math Functions：数学函数。

②Random Functions：随机函数。

③Vector Functions：向量函数。

④Conversion Functions：转换函数。

⑤Array Functions：阵列函数。

⑥Curve Functions：曲线函数。

3）Partide：粒子，如图 6-107 所示，有以下 3 个单选按钮。

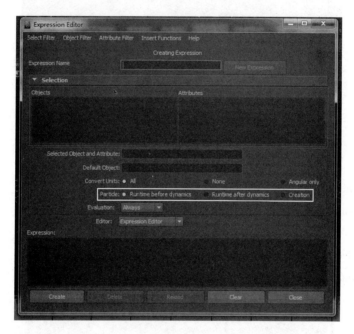

图 6-107

①Runtime before dynamics（运行前表达式）：粒子在每一帧之前都会运行该表达式。

②Runtime after dynamics（运行后表达式）：粒子在每一帧之后都会运行该表达式。

③Creation（创建时表达式）：在粒子创建时运行该表达式，主要是给予粒子一个初始的状态。

6. 运动捕捉

运动捕捉可用于生成大量复杂的运动数据，这些运动数据可用于为角色设定动画。注意，必须谨慎地规划运动捕捉动画，并非常小心地进行设置。

运动捕捉设备用于对运动进行采样和记录。使用运动捕捉设备可以实现实时地数据监视和记录。注意，鼠标和键盘不是运动捕捉设备。

设备供应商为 Maya 支持的数据服务器设备提供服务器，也可以使用 Maya 运动捕捉开发人员工具包，为自定义设备编写服务器。

对于每个要捕捉的运动序列，捕捉过程都有 3 个不同的阶段，即排演、记录和查看。

下面介绍创建全身运动捕捉序列的操作步骤。

1）选择一个运动捕捉设备，该设备可以是真实的或虚拟的。

2）选择用于计算运动的方法，该方法依赖于设备并可能使用反向运动学、正向运动学、约束或三者的组合，如图 6-108 所示。

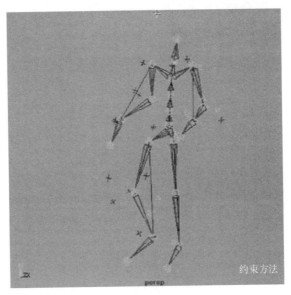

图 6-108

下面介绍基于演员比例构建一个骨架的操作方法。如果可能，使用运动捕捉设备数字化演员的关节位置。

1）将性能骨架附加到设备。

2）将性能骨架连接到角色骨架。

3）排演要记录的动作。

4）记录该运动。

5）查看记录的运动并将其插入到场景中，单击文件→导入（File→Import）命令，然后从显示的文件浏览器中选择运动数据文件。

任务 5 一般物体的重心和动势线

1. 检查模型

一个物体的各部分都要受到重力的作用，可以认为各部分受到的重力作用集中于一点，这一点叫做物体的重心，如图 6-109 所示。

1）质量分布均匀、形状规则的物体，重心的位置就在几何体的中心处，如一个正方体的重心在正方体的中心处。

2）质量分布不均匀的物体，重心位置除了与形状有关，还与物体的质量分布情况有关。

随着物体运动方向的改变，重心也在发生着变化，如倾倒的盒子，如图 6-110 所示，重心在 3 个立方体质量之和处。

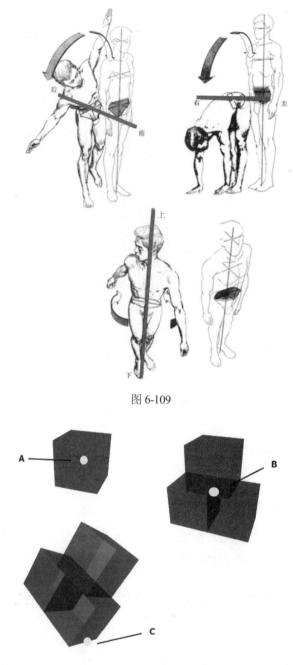

图 6-109

图 6-110

下面重点介绍人体重心。

当人体正直站立时，重心在身高的一半偏上处。同样身高的人，腿短的重心低，腿长的重心高。但在三维软件绑定系统中，通常将根骨（即重心骨骼）放在盆骨的位置，如图 6-111 所示。

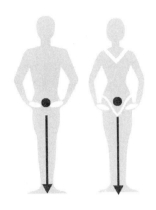

图 6-111

当身体动作发生变化时，身体的重心也会随之变化，如图 6-112 所示。

图 6-112

为什么这么强调重心呢？因为重心是支撑身体质量的中心。当人在不停运动时，重心也必须移动，如果变换重心的速度过快或过慢，会使承重力不匀，导致跌倒，也就是俗称的摔跤，如图 6-113 所示。

图 6-113

2. 角色控制与身体动力学

动势线也可以称为形态线。用动作趋势线来勾勒运动所趋势的方向，从而更好地把握动作的姿势。无论是动物还是人体，躯干或脊背都是动势线体现的重要部位。动势线由两种形态线组成，即 C 线和 S 线。一般地，C 线很常见，如弯腰、低头；S 线则主要体现在头部、躯干和胯部同时运动时，一般女性应用较多。在动画片中动势线体现的动作趋势如图 6-114 和图 6-115 所示。

图 6-114

图 6-115

任务6　身体中的弹簧——平衡原理

1. 身体、上肢、头部组成的弹簧

提到弹簧就必须要说动画的 12 条法则，弹簧是 12 条法则的综合应用。现实中的弹簧大家都接触过，用手按压弹簧，在松手的一瞬间弹簧会弹起来。

如果人的身体像弹簧一样运动，则涉及 12 条法则中的以下两条。

1）Anticipation 预备动作：加入一个反向动作，以加强正向动作的张力，表示即将发生的下个动作。

2）Squash and Stretch 挤压与伸展：以物体形状的变形，强调瞬间的物理现象。若是软弹簧，则弹起来后会有晃动，最后停止。

如果是人的身体和软弹簧一样，则涉及 12 条法则中的以下 4 条。

1）Follow-through and Overlapping Action 跟随动作及重叠动作：没有任何一种运动会突然停止，物体的运动是一个部分接一个部分的，这是 Walt Disney 对于运动物体的诠释，可以用另一种更科学的方式来描述这个原理，即"动者恒动"。

2）Exaggeration 夸张：利用挤压与伸展的效果、夸大的肢体动作、加快或放慢动作来表达角色的情绪和反应，这是动画有别于一般表演的重要元素。

3）Timing 时间控制：一段动作发生所需要的时间，这是掌握动画节奏的最基本观念。

4）Secondary Action 附属动作：当角色在进行主要动作时附属于角色的一些配件、胡须、尾巴等，会以附属动作来点缀主要动作的效果。

弹簧效果可以让角色动作看起来富有弹性，让动作富有活力、趣味性和真实感，避免了动画僵硬感，是动画表演制作中经常用到的，也是学习过程中必须要熟练掌握的。

下面将进行具体的动画制作。

首先来看一个错误的例子，如图 6-116 所示。

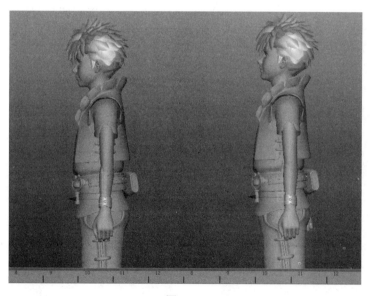

图 6-116

我们要表现一个吃惊的动作，图 6-116 中做的第 1 帧是初始状态，第 4 帧摆的是一个抬头吃惊的 POSE，播放时得到了一个很僵硬的动画，说明这么做是错误的。

下面应用弹簧效果来制作一个由身体、上肢、头部组合的吃惊动作，如图 6-117 所示，具体步骤如下。

1）第 0 帧初始动作。

2）Anticipation 预备动作。

3）创建预备动作，第 2 帧。身体像弹簧一样压缩在一起，如图 6-118 所示。

图 6-117   图 6-118

4）第 7 帧，身体前倾，拉直抬头，做出吃惊的表情，身体像释放压力的弹簧一样弹出，如图 6-119 所示。

5）添加第 5 帧，头先抬起来，手臂做出延迟感，播放的效果应该是头先抬起来，身体再拉直，然后手臂随着身体运动，如图 6-120 所示。

6）第 9 帧，身体恢复，手臂摆动。

7）第 11 帧，手臂摆动停止。附属动作点缀主要动作的效果如图 6-121 所示，最终的吃惊动作完成效果如图 6-122 所示。

图 6-119   图 6-120

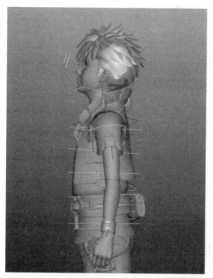

图 6-121　　　　　　　　　　　　图 6-122

2. 整个身体的弹簧

下面应用弹簧效果制作侧身移动的人物动画，具体步骤如下：

1）打开文件，做好调试动画的前期准备工作。

2）第 0 帧，初始 POSE，如图 6-123 所示。

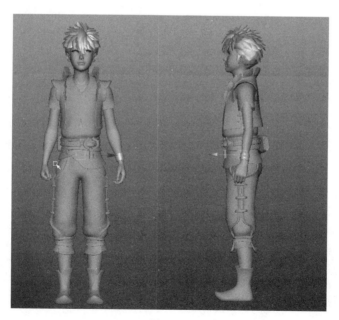

图 6-123

3）第 4 帧，预备动作，角色从左向右运动，这里可以加入一个反向的动作，以加强正向动作的张力，如图 6-124 所示。

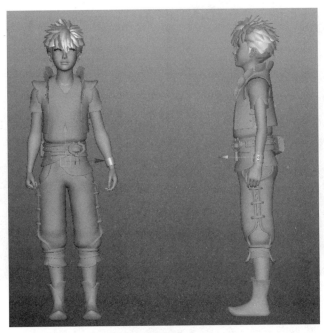

图 6-124

4）第 8 帧，制作身体挤压效果，侧身挪动一步，身体像弹簧一样挤压在一起，如图 6-125 所示。

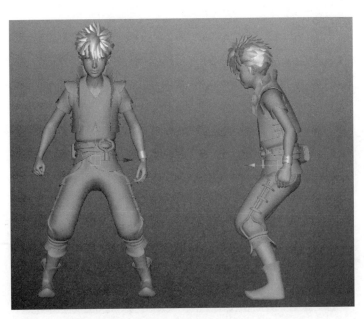

图 6-125

5）第 12 帧，身体拉伸，可以应用夸张效果，如图 6-126 所示。

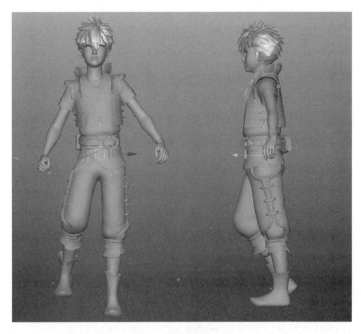

图 6-126

6）第 14 帧，制作跟随动作和重叠动作。四肢动作恢复，脚着地，手臂摆动回来，如图 6-127 所示。

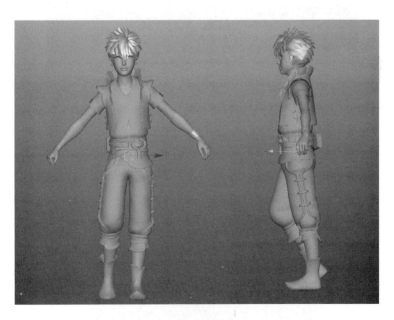

图 6-127

7）第 16 帧，最终动作 POSE 完成，效果如图 6-128 所示。

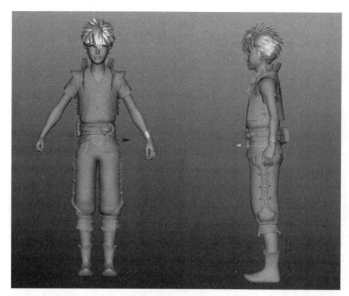

图 6-128

8）添加脚步移动时的旋转，第 4 帧和第 5 帧，如图 6-129 所示。

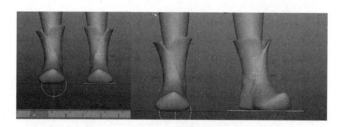

图 6-129

9）添加脚步移动时的旋转，第 4 帧和第 5 帧，如图 6-130 所示。

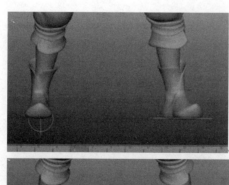

图 6-130

10）身体和手臂错帧，让手臂慢于身体；身体与腿错帧，让身体慢于腿。最后进行整体调整，这样应用弹簧效果制作侧身移动的动作就完成了。

任务 7　角色的预备动作和惯性动作

1. 预备动作和惯性动作分析

（1）预备动作

角色的动作一般分为 3 个阶段，即运动的准备阶段、动作实施阶段和动作跟随阶段。第一个阶段就是所说的预备动作。

在有些情况下，预备动作是根据物理运动规律需要这样做。例如，在投掷一个球之前必然要先向后弯腰，手臂获得足够的势能后才能投掷。这个向后的动作就是预备动作，投掷就是动作本身。

预备动作一般用来引导观众的视线趋向即将发生的动作。所以，一个长时间的预备动作意味着下面的动作速度会非常快。在卡通片中可以看到，角色先是预备奔跑的样子，然后一溜烟地急速消失了。角色在奔跑前，通常会先抬起一条腿，并弯曲胳膊，这就是常见的预备动作。

总之，一个好的动画应该让观众明白什么是将要发生的（预备动作），什么是正在发生的（动作本身），什么是已经发生的（类似于动作跟随）。

角色身体的绝大多数运动都需要有某种形式的预备动作阶段，特别是从静到动的运动状态转变。例如，在角色开始走时，肯定要先转移自身的重心到一条腿上，这样才能抬起另一条腿。

动作惯性跟随和预备动作类似，只是前者在动作结束前出现，而后者出现在动作发生前。经常在动画中见到这样的情况，物体或其中一部分的运动或表演动作已经超过了它应该停止的位置，然后又折回来，返回到那个位置，这就是动作惯性跟随。例如投掷动作，首先要把手向后摆，这是预备动作，是为投掷动作做准备。球投出后，胳膊因为惯性没有停下来而是继续向前摆，所谓的动作惯性跟随就是发生在这个时刻，胳膊没有停在本应停止的位置，而是靠惯性继续摆动一段时间，然后反方向摆回来。

（2）摆臂动作实例

1）手臂摆动的下弧线运动：人物行走时，手臂以肩脚骨为轴，像老式座钟的钟摆一样，有节奏地循环做弧线摆动，且双臂摆幅节奏相同，只是摆动方向相反，即左腿向前跨步时，右臂向前摆动，右腿向前跨步时，左臂向前摆动。制作动画时不但要考虑摆动的弧线，还要考虑运动中手臂本身的弧形曲线运动。手臂、手掌、手指自然放松，手臂向前摆动比向后摆动松弛。所以，前摆弧度要大，而后摆弧度要小，中间则表现为自然放松感，可稍作弯曲。手运动到前方时，肘部提高，稍向内弯曲，手掌随着手臂摆动达到顶点时作短暂滞留和不同程度的交搭动作，如图 6-131 所示。

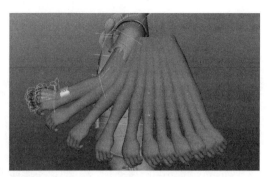

图 6-131

2）跟随运动：为了使手臂动作变得柔软，手掌要有跟随运动，如果再加上小臂的跟随运动，那么动作会更加流畅自然。在写实动画中，正常行走的手部摆动幅度较小，有时几乎看不出来，很微妙，无需过分强调，而夸张动画则要充分表现。手臂动作及跟随运动的制作过程如图 6-132 所示。

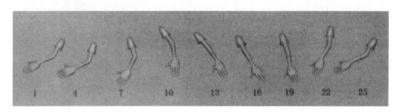

图 6-132

（3）摆臂动作制作步骤

下面将制作一个摆臂动画，具体步骤如下。

1）第 0 帧，手臂向后摆动的极限 POSE，如图 6-133 所示。

2）第 6 帧，手臂垂直于地面，肘部不弯曲，如图 6-134 所示。

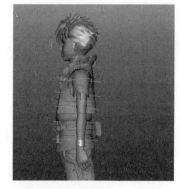

图 6-133   图 6-134

3）第 12 帧，手臂向前摆动的极限 POSE，如图 6-135 所示。

4）第 18 帧，手臂从前向后摆动，大臂摆动得快一些且向后，肘部不要垂直，做出跟随大臂的效果，如图 6-136 所示。

图 6-135

图 6-136

5）第 24 帧，恢复到第 0 帧，手臂向后摆动的极限 POSE，如图 6-137 所示。这样，一个摆臂的循环动画就制作完成了。

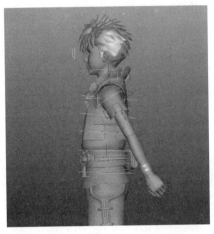

图 6-137

任务 8 力在物理学上的解释及不同力的表现形式

1. 力在物理学上的解释

物体之所以能够运动是因为有力这个因素，不同的力会带给物体不同的生命力，理解多样化的制作方法是调整好力度变化的关键，图 6-138 所示的是一个正在发力的动画形象。

物体之间的相互作用称为"力"。当物体受到其他物体的作用后，能使物体获得加速度（即速度或动量发生变化）或发生形变的都称为"力"。力是物理学中重要的基本概念之一。在力学的范围内，所谓的形变是指物体的形状或体积发生变化。运动状态的变化是指物体的速度变化，包括大小和方向的变化，即产生加速度。力是物体（或物质）之间的相互作用，力的作用与物质的运动一样，都要通过时间和空间来实现，如图 6-139 所示。

2. 力的定义

力是物体之间的相互作用。大小、方向、作用点是力的三要素。牛顿第一定律是任何物体都保持静止或者匀速直线运动，直至这个物体受到作用力迫使它改变这种状态，如图 6-140 所示。

图 6-138

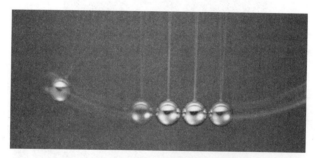

图 6-139

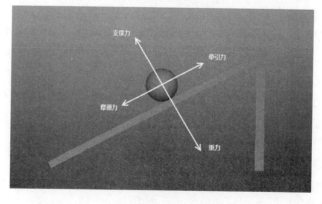

图 6-140

3. 力的分类

1）根据力的性质，力可分为重力、万有引力、弹力、摩擦力、分子力、电磁力、核力等。注意，万有引力不是在所有条件下都等于重力。

2）根据力的效果，力可分为拉力、张力、压力、支持力、动力、阻力、向心力等。

3）根据研究对象的不同，力可分为外力和内力。

4. 力的作用效果

力可以使物体发生形变，如图6-141所示。

力可以改变物体的运动状态（速度大小和运动方向，两者至少有一个会发生改变），如图6-142所示。

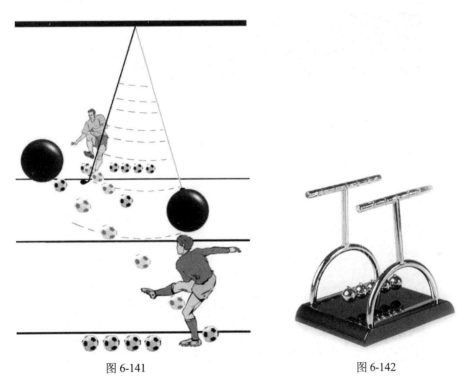

图6-141　　　　　　　　　　　　　　　　图6-142

5. 不同力的表现形式

在设计对相同的物体实施不同的力时，效果归根结底取决于动画基本要素、时间与表演。相同的画面，不同的空间位置变化和产生大小不同的空间张力是区分不同力表现的重要依据，最终将体现不同力度的表演方式。不同力在时间上的区别在于，作用力影响物体后，物体会产生变形和加速度。例如，甲物体和乙物体运动距离相同，但运动结果不同，则说明受力度不同，钟摆动的速度和幅度不同，会产生不同的效果，如图6-143所示。

我们对甲物体的受力进行分析，会发现时钟受原始力的影响从A方向运动到B方向，由于惯性的作用使钟摆产生反作用力，同时又受阻力的影响，甲物体向前运动而钟摆却向后运动。时钟最终停止运动后，钟摆因为受到重力的影响而产生左右摇摆运动，直至停止。查看物体运动的曲线，钟摆由两节组成，因为第二节相对第一节为次物体，所以第二节也同时受到第一节关节力的影响，如图 6-144 和图 6-145 所示。

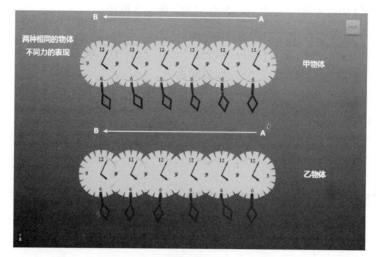

图 6-143

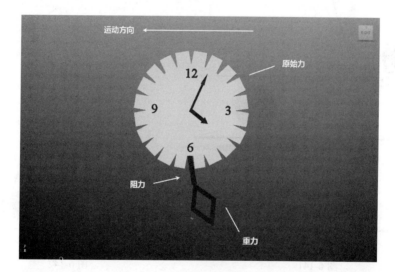

图 6-144

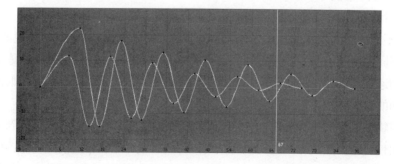

图 6-145

项目小结 ≪

通过本项目的学习，可以掌握动画制作的基本操作，以及运动规律的理论知识。

 实践演练 ≪

1）反复练习本项目所学知识，熟练掌握基础运动规律。

2）要求：

①熟练运用本项目所学的命令操作。

②掌握不同的动画制作类型，并制作简单的动画。

项目 7 制作《侠岚》石块下落动画

 项目描述 ≪

本项目将制作石块下落的动画。石块下落是初速度为零的匀加速直线运动，通过设置添加关键帧以及过渡帧的动画制作，使得物体动画画面流畅，动作过程平滑。

 项目分析 ≪

1）制作石块下落的关键帧：使用关键帧制作物体运动的动画轨迹，以使物体的运动达到预期效果。

2）添加石块运动的过渡帧：添加过渡帧可以使物体的动画显得不僵硬，动作过程较平滑。

3）调整石块动画的节奏：调节石块动画的节奏使动画模拟真实，看起来更有随机感。

本项中的具体任务及流程简介见表 7-1。

表 7-1 项目 7 任务简介

任务	流程简介
任务 1	石块下落运动的受力分析
任务 2	制作石块下落的关键帧
任务 3	添加石块运动的过渡帧
任务 4	调整石块动画的节奏

注：项目教学及实施建议 16 学时。

 知识准备

石块下落属于自由落体运动，即不受任何阻力。只在重力作用下降落的物体称为自由落体。例如，在地球引力作用下，由静止状态开始下落的物体，它做的是初速度为零的匀加速直线运动。

 项目实施 ≪

任务 1 石块下落运动的受力分析

石块下落属于自由落体运动，即不受任何阻力。只在重力作用下而降落的物体称为自由落体。自由落体运动是匀加速直线运动，自由落体的加速度是一个不变的常量，它是初速度为零的匀加速直线运动。

通常在空气中，随着自由落体的运动速度的增加，空气对落体的阻力也逐渐增大。

任务 2　制作石块下落的关键帧

这里先做个错误的示范，步骤如下。

1）启动 Maya 2013，开始制作动画，石块如图 7-1 所示。

2）制作石块前半部分掉落的效果，如图 7-2 所示。

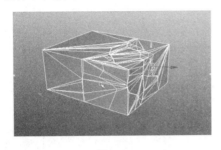 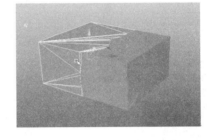

图 7-1　　　　　　　　　　　　　　　　图 7-2

3）此石块分为前后两个部分，石块的后半部分是不动的，如图 7-3 所示。

4）石块的前半部分又分为很多小块，在下落时，要分出这些小石块并让石块碎开，如图 7-4 所示。

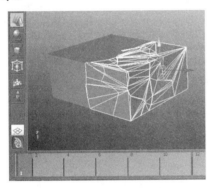 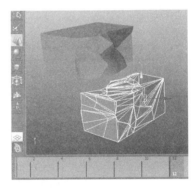

图 7-3　　　　　　　　　　　　　　　　图 7-4

5）选择前半部分，整体向下做自由落体运动是错误的，如图 7-5 所示。

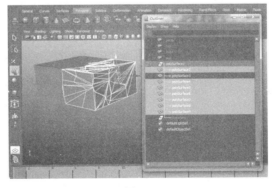

图 7-5

下面详细介绍正确的操作步骤。

1）打开操作视图，石块有很多小块，需要进行分组，如图 7-6 所示。

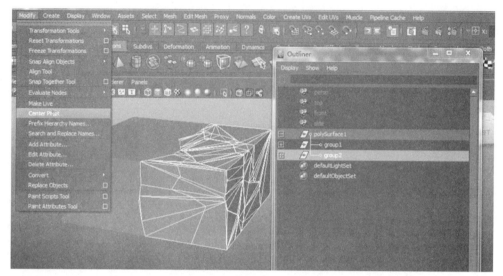

图 7-6

2）给石块的后半部分打组，然后将中心点归到物体中心并打组，如图 7-7 所示。

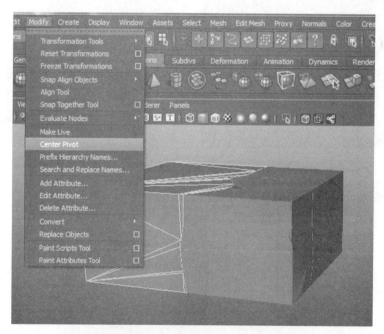

图 7-7

3）将前面的碎石块统一打组，分为组 1 和组 2 两个部分，如图 7-8 所示。

4）选择前面的碎石块的组，按<D>键和<V>键，将组中心点移动到两个石块交接的点上，以方便后面的制作，如图 7-9 所示。

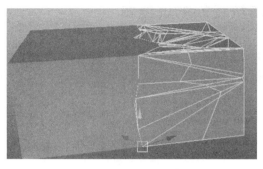

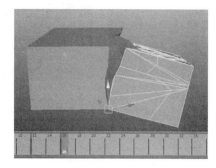

图 7-8   图 7-9

5）不用第 1 帧作为起始帧，否则一开始石块就会下落得非常快，所以要预留一些准备时间。在第 12 帧设置关键帧，第 12 帧之前石块形体不变。第 16 帧选择组 2，做石块裂开的效果，如图 7-10 所示。

6）在第 40 帧，把组向下、向前调整到石块下落的位置，如图 7-11 所示。

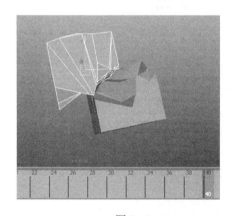

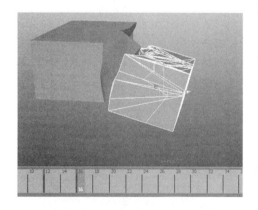

图 7-10   图 7-11

7）设置好大的动画后，现在选择组内的所有小模型，在第 12 帧和第 16 帧分别设置关键帧，如图 7-12 所示。

图 7-12

任务3 添加石块运动的过渡帧

添加石块运动的过渡帧的操作步骤如下。

1）在第 40 帧将小石块 K 帧，做最终裂开的效果。注意，不能做得太散，如图 7-13 所示。

2）可以做延迟感，随时分开。向上拉动，加大石块间的空隙，如图 7-14 所示。

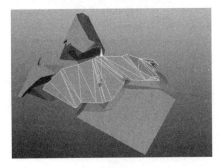

图 7-13

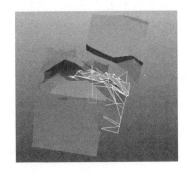

图 7-14

3）调整角度，让石块更有立体感， 如图 7-15 所示。

4）调整后要能看出石块的基本形状，不能太散，如图 7-16 所示。

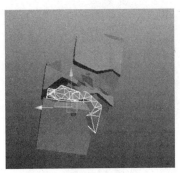

图 7-15

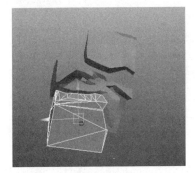

图 7-16

5）为了防止石块变形，稍作调整，效果如图 7-17 所示。

6）进行小幅度修改，没有一次成型的动画，如图 7-18 所示。

图 7-17

图 7-18

7）下面的石块不动，上面的石块旋转有些大，根据后面的操作进行具体调整，如图 7-19 所示。

图 7-19

任务 4 调整石块动画的节奏

调整石块动画节奏的操作步骤如下。

1）播放动画，在第 40 帧时可以看到石块下落得有点慢，应缩短时间，调整如图 7-20 所示。

2）添加过渡帧。可以从初始帧复制、粘贴到第 24 帧，在初始帧的形态基础上进行修改，如图 7-21 所示。

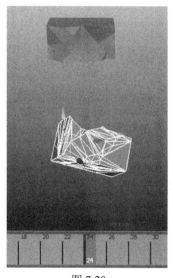

图 7-20

图 7-21

3）调整上下距离和下落的顺序，使效果不会显得太散，如图7-22所示。

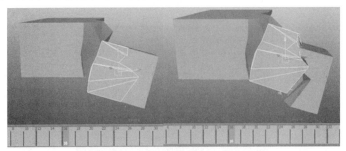

图 7-22

4）再次修改第16帧，让石块裂开时有先后顺序，使得石块下落更有顺序，如图7-23所示。

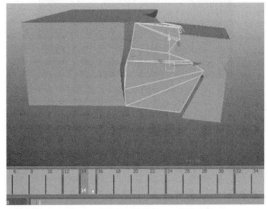

图 7-23

5）在第14帧的过渡帧位置调整一下过渡动画，如图7-24所示。

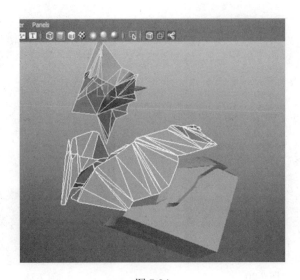

图 7-24

6）全选模型，清除静态通道，如图 7-25 所示。

图 7-25

7）调整形体，如图 7-26 所示。

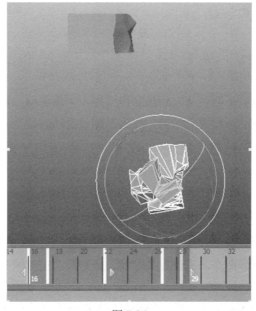

图 7-26

8）为使整段动画效果更加写实，微调石块模型的形状及位置，调整石块下落的时间和速度，完成动画制作，如图 7-27 所示。

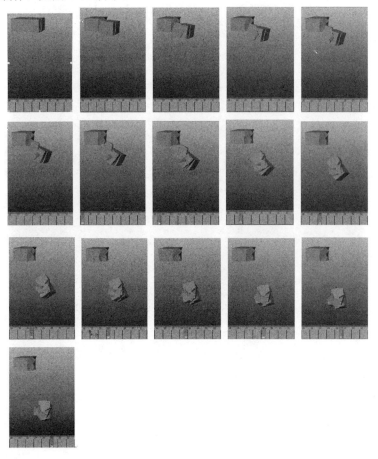

图 7-27

 项目小结 《

本项目主要介绍了石块下落运动的动画制作过程。下落运动是自然界中物体运动的基础动画类型。首先要给物体动画设置关键帧，然后添加过渡帧并调整动画节奏，使得物体动画在运动过程中更加平滑、随机。

 实践演练 《

1）制作和本项目类似的石块下落运动的动画。

2）要求：

①熟练运用本项目所学命令，先设置关键帧，然后添加过渡帧并完善动画的节奏和流畅度。

②重点注意石块的形体在下落过程中的变化以及时间和速度的节奏。

项目 8　制作小球弹跳动画

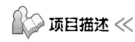

项目描述 ≪

在现实生活中，所有的物体都会受到重力、对抗力和惯性的影响。形成这些影响的因素有很多，其中就包括物体本身的质量和运动速度等。本项目将通过制作小球弹跳动画来了解基本的运动规律，以及重力、惯性等对物体的影响。

项目分析 ≪

1）小球弹跳受重力的影响：小球自身的上升力和下降力被重力抵消，这是一个变速过程。

2）小球弹跳受惯性和变形的影响：重心由于受惯性的影响其位置会稍微比在受力前在物体内的位置更靠近水平面一些。

本项目中的具体任务及流程简介见表8-1。

表 8-1　项目 8 任务简介

任务	流程简介
任务 1	小球弹跳时重心的变化
任务 2	小球弹跳的运动曲线

注：项目教学及实施建议 16 学时。

知识准备

1）通过调试球体的运动，了解物体的质量、运动速度、变形等。对物体的重心有进一步的了解，同时分析外力与自身力量的抗衡。

2）通过小球弹跳关键帧和过渡帧的制作，确定小球的运动方向和位置。然后，调整小球弹跳动画的节奏。

项目实施 ≪

任务 1　小球弹跳时重心的变化

小球弹跳动画的制作步骤如下。

1）拿一个球体来演示小球在平面上弹起和下落的动作，如图 8-1 所示，红点代表球体的重心。在第 1 帧假设，球体在没有受到任何外力作用时是静止不动的。

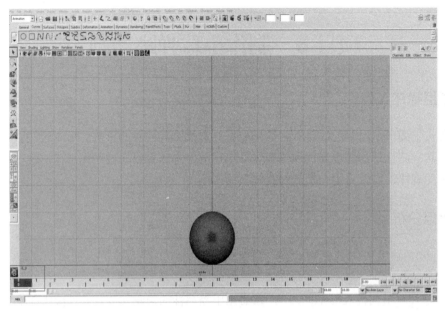

图 8-1

2）当球体自身要向上弹起时，它的发力点是重心部分，所以在第 3 帧时重心会略微向上，为向下蓄力时作一个反向的准备动作，如图 8-2 所示。

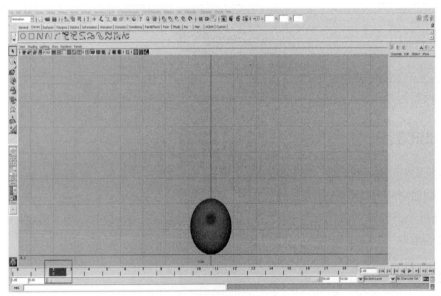

图 8-2

3）在第 7 帧时，球体的重心向下，达到最低点时为弹起作好了蓄力准备，如图 8-3 所示。

4）在第 8 帧时，球体的重心向上弹起，将球体带到空中。力量的爆发往往是非常剧烈和快速的，所以图 8-3 和图 8-4 两次重心的变化只在一帧中发生。这是动画术语中的张紧运动关系，有一些动作为了增强节奏感会在这方面上加强。

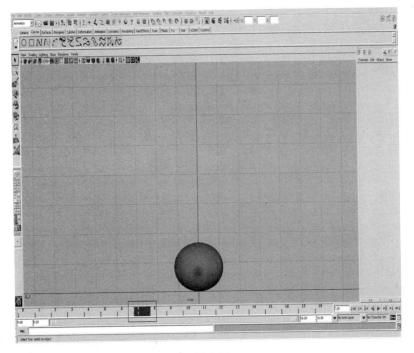

图 8-3

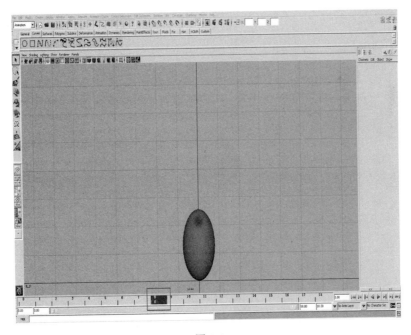

图 8-4

5）球体在第 11 帧时基本达到最高点，它自身的上升力也已经被重力抵消，这个过程是一个变速的过程，即从图 8-4~图 8-5 之间，球的上升速度在逐渐变慢。

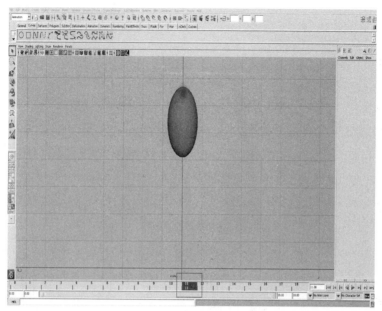

图 8-5

6）当到达第 12 帧时，球体基本停止上升，重心基本保持不动。在这种状态下，往往处于一种短暂的静止状态，如图 8-6 所示。而这也是很多二维的卡通动画片中加强的部分，例如，角色在跳到最高点时摆出一个非常漂亮的 POSE，要给观众充分的时间看清楚这个 POSE，然后再快速地落下。

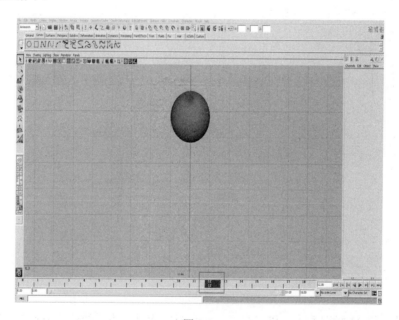

图 8-6

7）当球体在第 13 帧时，跟第 12 帧的位移基本没有变化，只是在形体上由于惯性的问题发生了变化，这是动画中夸张手法的表现，如图 8-7 所示。

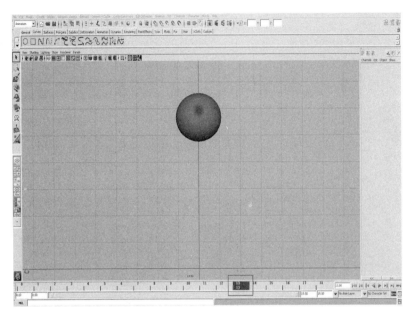

图 8-7

8）随后球体会快速下落，由于重力的影响重心的位置会稍微比原始位置更靠近水平面，如图 8-8 所示。这也是很多卡通动画片中角色下落时身体会被拉长的原因。

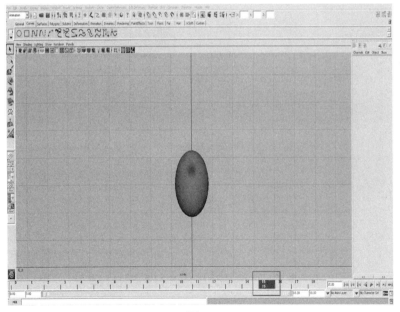

图 8-8

9）球体落到地上的一瞬间，由于受到惯性的影响，球体的变形达到最大，如图 8-9 所示。

10）最后重心回到原点，如图 8-10 所示。如果继续调试二次弹起，则球体的重心将会继续向下挤压，且弹跳的高度达不到第一次的高度，自身的变形也会有所减小，但是整个运动周期会加快。在与重力的对抗中，球体会耗尽所有的外力。

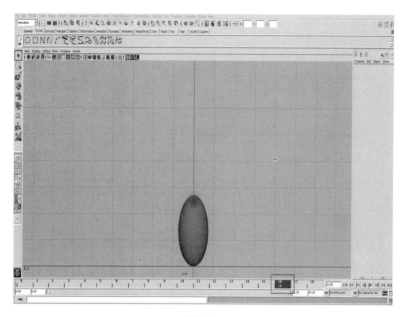

图 8-9

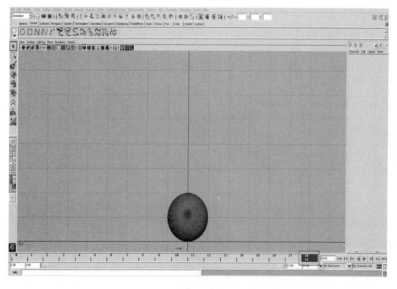

图 8-10

任务 2　小球弹跳的运动曲线

下面介绍一种比较复杂的小球运动。假设有一个很强的外力使小球从远处穿过木板弹到墙上，反弹回来后直到静止，过程如图 8-11 和图 8-12 所示，红色的曲线代表小球的整个运动过程。在运动中，每一次与地面或墙面接触发生反弹，在时间上都可以从关键帧上看出。

小球撞击到左侧墙面只用了 5 帧的时间，且力量非常大，从运动曲线中可以看出，上下的位移是比较小的。而在球体接触墙面时，形体没有发生任何大的变化，因此可以判断它是一个类似于乒乓球的球体。

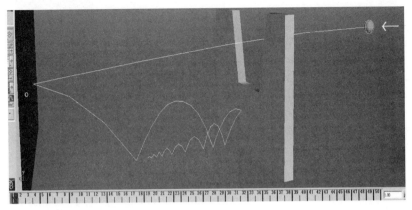

图 8-11

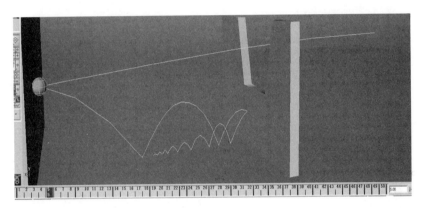

图 8-12

小球在与墙面产生反弹后落到地上，如图 8-13 和图 8-14 所示，进行了一次弹起式的跳跃，这次跳跃消耗的时间比较长，在第 9~19 帧完成，是整个动作中弹起消耗时间最长的一次跳跃。

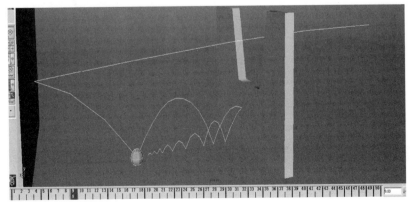

图 8-13

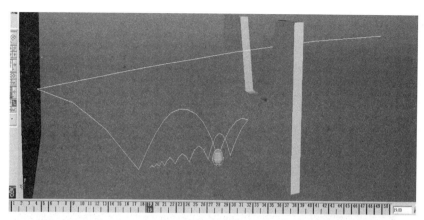

图 8-14

在第 24 帧时，小球弹起碰到墙面被反弹回来，然后力量逐渐被重力抵消，但在每一次弹起下落的过程中，高度是越来越小的，距离越来越短，所花费的时间也越来越少，如图 8-15~图 8-17 所示，最后直到小球静止不动。

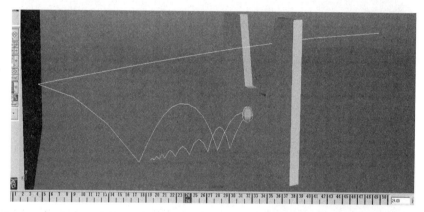

图 8-15

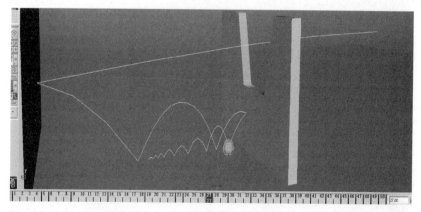

图 8-16

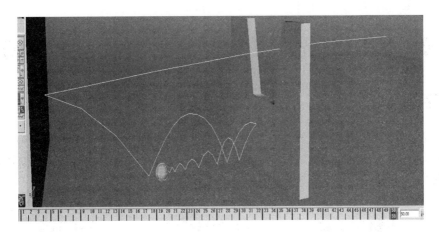

图 8-17

 项目小结 ≪

　　本项目通过对球体的运动首先了解了重力对物体的影响。在现实生活中所有的物体都会受到重力的影响，但是物体自身在与其他物体接触时也会产生一个很强的对抗力（液体或一些很柔软的物体除外或相对较弱）。随后便产生了惯性，惯性的消失也是被其他的力量所影响的。而变形是由物体自身的组成物质和速度来影响的，往往速度越快、硬度越小的物体发生变形的情况越强烈。反之，速度越慢、硬度越大，变形越小。

 实践演练 ≪

　　1）通过对本项目的学习与理解，调试小球运动动画。
　　2）要求：
　　①通过对物体的重力、对抗力和惯性的理解，调试动画，要充分体现出这 3 个方面的特点。
　　②仔细观察身边一些物体的运动，分析它们的运动原理和受力情况。

项目 9 分析和制作《侠岚》主要角色辗迟的转身动作

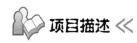

项目描述 《

辗迟是《侠岚》中的主要角色，该片故事的主线也是围绕辗迟展开。在动画片中，辗迟出现的镜头众多，因此他的动作要做到细致、流畅和自然。本项目将着重学习人物转身的动作动画制作。

项目分析 《

1）分析转身动作：分析人物在转身的过程中产生的弧线变化，力图使动作自然、流畅。

2）制作转身动作：细致地划分步骤，使动画画面更加连贯。

本项目中的具体任务及流程简介见表 9-1。

表 9-1 项目 9 任务简介

任务	流程简介
任务 1	分析转身动作
任务 2	制作转身动作

注：项目教学及实施建议 24 学时。

知识准备

1）掌握人物在转身的过程中产生的弧线变化。

2）熟练应用 Maya 中的添加关键帧设置。

项目实施 《

任务 1 分析转身动作

1）以一个转身动作为例，如果角色在转身时只是单纯地从前转向后，不产生弧线运动，而是直线运动，那么动作看起来会十分僵硬，如图 9-1 所示。

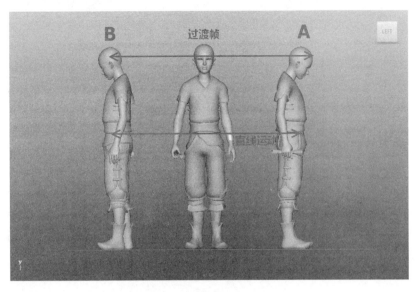

图 9-1

2）添加转身时向下运动产生的自然弧线变化，还可以添加更多的在细节方面的 POSE，使人物动作更加自然、流畅，如图 9-2 所示。

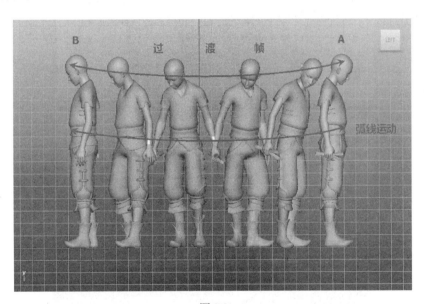

图 9-2

任务 2 制作转身动作

制作转身动作的操作步骤如下。

1）打开侠岚素材，打开全局设置选项窗口，调整帧速率为 25fps，如图 9-3 所示，保存设置选项后回到透视图中。

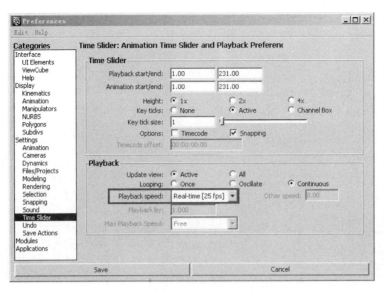

图 9-3

2）将时间指针放置到第 1 帧。两腿分开，重心下移且左右方向重心在两腿之间，身体前倾，目视前方，双臂下摆，手指弯曲放松，如图 9-4 所示。调整好 POSE 后，选择全部控制器，在第 1 帧时记录一个关键帧。

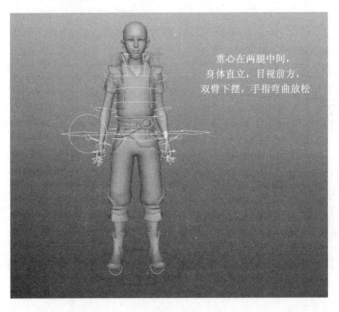

图 9-4

3）右脚抬起向后运动，身体转身。当身体达到 180°转身时脚部的动作要有先后之分，需要单脚着地，用左脚支撑地面，转身约 45°后右脚落地，由右脚支撑地面，左脚抬起，再制作剩下的 135°的转身。将时间指针放置在第 32 帧的位置，制作一个转身约 45°且右脚转动落地支撑的 POSE，反复调整这个姿势直到满意为止。选择全部控制器，在第 32 帧按<S>

键记录这个关键帧，如图 9-5 所示。

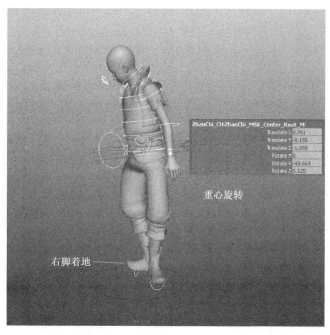

图 9-5

4）调整好第 1 帧和第 32 帧后播放动画并观察，可以发现在转身时需要添加一个中间姿势来完善这个动作。在第 15 帧的位置插入一个右脚抬起，身体弯腰前倾并低头的过渡帧，这个姿势如图 9-6 所示。

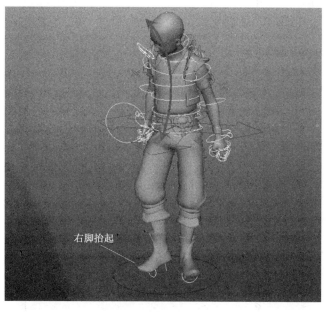

图 9-6

5）当右腿向前迈身体向后转完毕后，角色用右腿支撑地面，左腿由脚尖朝前转为脚跟向前，身体重心旋转约 120°，身体前倾且手臂后摆。将时间指针放置第 62 帧处，调整好姿势后选择全部控制器，设置一个关键帧，如图 9-7 所示。

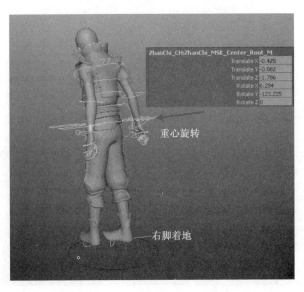

图 9-7

6）同理，在第 1 帧和第 32 帧处添加一个中间过渡姿势（第 15 帧）；在第 32~第 62 帧处添加一个中间过渡姿势（第 47 帧），这个姿势需要注意的是，在转身抬脚的过程中，身体先前倾斜，左脚再离开地面抬起。将时间指针放置第 47 帧的位置，选择全部控制器，设置一个关键帧，如图 9-8 所示。

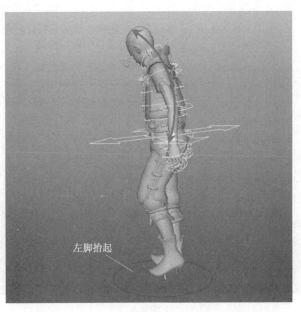

图 9-8

7）转身动作制作完成后，调整最后的站立姿势，这个姿势需要完全转身。将时间指针放置第 91 帧处，将右脚向右侧移动，同时保持重心在两腿之间且重心也向右移动，保持身体直立，手臂自然放松下垂。选择全部控制器，记录最后一个关键帧，如图 9-9 所示。

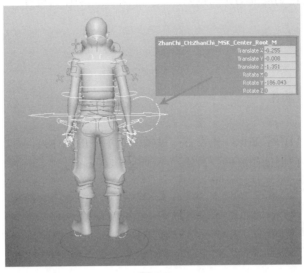

图 9-9

8）在第 62 帧和第 91 帧的中间添加一个过渡动作，这个过渡动作主要是在右脚向右侧移动的过程中，抬起脚放置与地面有穿插。在第 76 帧处选择全部控制器，记录这个关键帧，如图 9-10 所示。

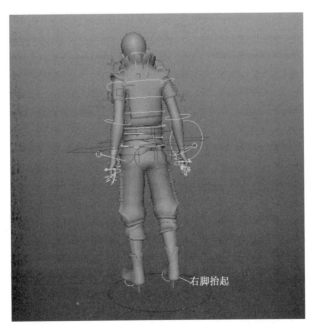

图 9-10

项目小结 «

　　辗迟是《侠岚》动画中的主要人物，他的动画动作要做到流畅、写实。动作动画整体的制作思路是由整体动作到局部动作的刻画，首先制作大体动作关键帧，然后再对其他的细节添加过渡帧。

 实践演练 «

　　1）制作人物转身动作。
　　2）要求：
　　①熟练运用本项目所学知识，先设置关键帧确定主要的动作方向和位置，然后进行细节制作，添加过渡帧，使得动作流畅、自然。
　　②制作时要注意动作的整体协调。

项目 10 制作《侠岚》主要角色辗迟的基础走路动画

 项目描述 ≪

本项目将对动画中基本的普通行走动画制作进行讲解。普通行走就是指在动画过程中不带有任何感情色彩或一些特殊状况（比如负重的、伤病的、年长的、年幼的等），只是单纯走路的运动规律。通过学习人物身体每个部位的运动方式从而掌握走路动画制作的基本方法。

 项目分析 ≪

1）行走的动作分析：行走是人身体向前倾并及时站稳，保持平衡，不至于摔倒的动作，行走是人体动作中最常见、最基本的动作。同时行走可以表现一个人的年龄、性格、性别与情绪，在动画表演中有很重要的地位。

2）普通走路的动画制作：普通走路动画的制作流程如图 10-1 所示。

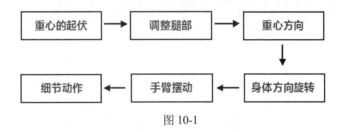

图 10-1

3）动画影片中不同的走路动作：普通走路就是人走路时所产生的物理机械运动，而影片中的走路赋予了人物个性和状态，使走路动作更加多样化。

本项目中的具体任务及流程简介见表 10-1。

表 10-1 项目 10 任务简介

任务	流程简介
任务 1	分析行走动作
任务 2	普通走路的动画制作
任务 3	动画影片中不同的走路动作

注：项目教学及实施建议 32 学时。

 **知识准备**

1）分析行走动作：胯部和肩部是走路动作制作的主要难点，调整时一定要注意肩部的跟

随，胯部尽量自然，胯部扭动时要注意腿的前后顺序，然后注意臀部的扭动是否自然。

2）动画影片中不同的走路动作：多观看不同人物及角色走路时的影像资料，对动画原理和运动规律的资料认真研究。

任务 1　分析行走动作

1）行走的过程，即迈一步→站稳→迈一步→站稳的循环动作，如图 10-2 所示。

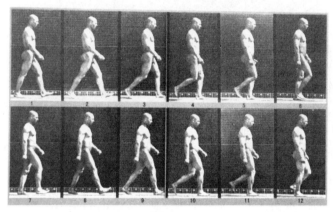

图 10-2

2）重心高低起伏变化，即在人走路的过程中身体存在蓄力与卸力的过程，由重心向上、向下运动而发生的下肢周期性的运动。分析一下腿部运动与重心的关系，双腿分开，双脚接触地面，重心在两腿中间，下肢弯曲促使重心下移以释放上一步的能量，同时这也是为身体重心上移储蓄力量。接下来，下肢开始用力促使身体重心上移，身体重心逐步达到最高点，紧接着重心向下，两脚接触地面，如此一直循环下去。这样就构成了行走的大体步骤，如图 10-3 所示。

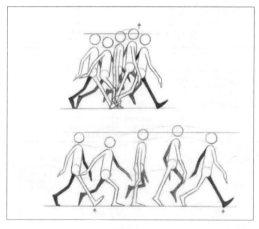

图 10-3

3）身体躯干的弯曲运动。因为上肢与下肢呈现相反交替运动，所以身体躯干左右偏移与上肢保持一致，相反，胯部左右偏移的运动方向与下肢保持一致，从而在顶视图中可以观察到，身体处于一个平衡的状态，如图 10-4 所示。

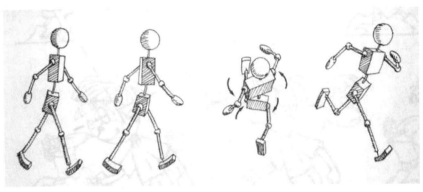

图 10-4

4）肩部与胯部侧旋的同时，也是在上下肢发生交错循环运动时为保持平衡而产生的本能动作，如图 10-5 所示。

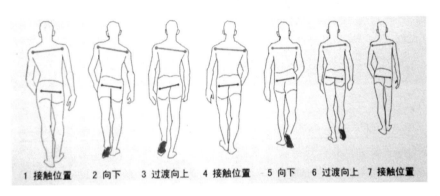

图 10-5

5）足部细节运动，即脚踝骨带动脚掌骨产生向前运动。当然，只有下肢的运动才会产生足部的运动。这里需要知道脚部的两个重要关节，即脚踝骨和脚掌骨，如图 10-6 所示。

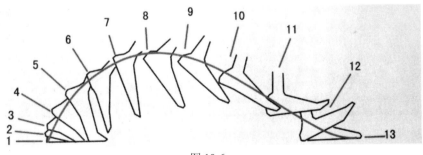

图 10-6

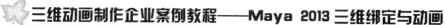

任务2 普通走路的动画制作

循环走动画的制作步骤如下：

1）调整身体的重心高低起伏，让两腿和重心相互配合，完成第 0 帧姿态。同时，选择控制器，在第 0 帧设置一个关键帧，再将第 0 帧复制到第 24 帧，然后将两腿的关键帧分别反方向复制即可，如图 10-7 所示。

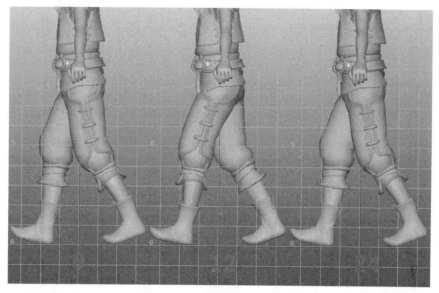

图 10-7

2）添加重心的细节动作。需要添加重心的高低起伏，产生蓄力与卸力动作，在第 3 帧插入一个重心的向下蓄力动作，这样在第 9 帧身体达到最高点时以便卸力回到双腿接触点。调整高低点后将第 3 帧复制到第 15 帧处、第 9 帧复制到第 21 帧处，如图 10-8 所示。

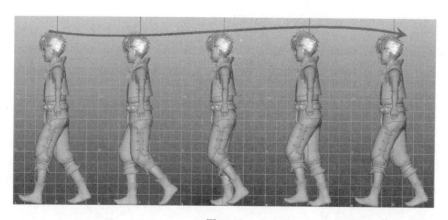

图 10-8

3）高低起伏调整完成后，制作脚部的细节动作，腿部的细节动作是腿部不要有抖动，脚部不要有穿插地面的现象。仔细修改从而达到最好的效果，如图 10-9 所示。

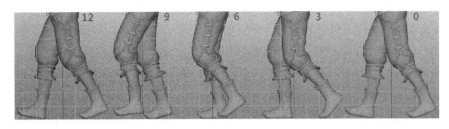

图 10-9

4）脚步调整完毕后将视图切换到前视图，着重调整身体在左右方向上的重心。在前视图播放动画时发现，前视图重心没有晃动，需要注意的是，当后脚向前运动且后脚在第 6 帧达到中间时，单脚离地，需要用反方向的脚支撑地面，这时需要调整角色重心在左右方向上的变化，重心的方向在着地的方向，即哪个脚接触地面，重心就偏移到哪个方向。重心左右方向的幅度决定于角色走路的姿态，从头部到脚底仔细观察身体的弧线走势，根据运动幅度决定重心移动的距离，如图 10-10 所示。

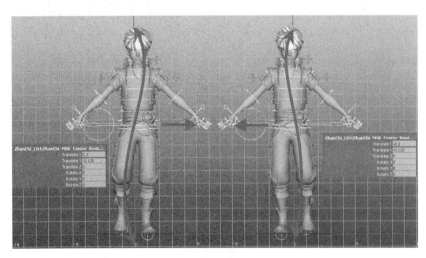

图 10-10

5）根据重心上下两端的弧线调整角色在走路过程中躯干的旋转。先来调整身体的左右偏移与侧旋。左右偏移主要说明与重心呈现弧线运动，体现身体躯干与重心相反的运动效果，而侧旋主要体现与上肢摆动产生相辅相成的运动效果，如图 10-11 所示。

6）切换到侧视图，继续添加在侧面身体躯干的前后旋转效果，这个旋转效果能够体现躯干在运动的过程中承受的阻力作用，身体呈现前后晃动效果，从而提高身体的柔韧性，如图 10-12 所示。

7）手臂运动。手臂运动与下肢呈现交错反方向运动，这点尤其重要。走路动作虽然简单，但很容易调成顺拐走。将其中的一个手臂的肩部控制，先调整与同侧下肢交错的运动，然后记录关键帧，播放观察，确定无误后再调整肘部及手腕的动画。注意，肘部骨骼和手腕骨均为肩部骨骼的子骨，所以要产生甩动的效果必须再进行带动跟随效果的微调，如图 10-13 和图 10-14 所示。

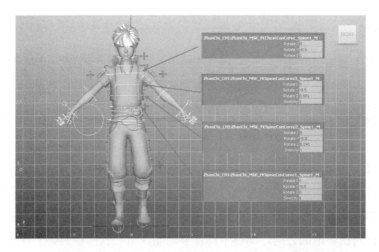

图 10-11

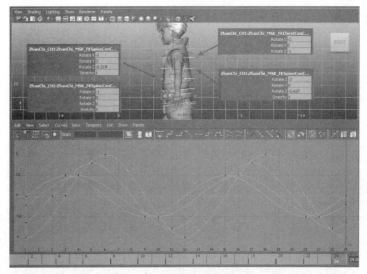

图 10-12

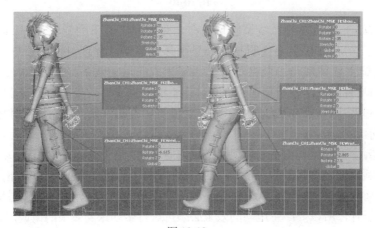

图 10-13

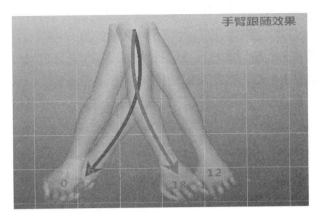

图 10-14

任务 3 动画影片中不同的走路动作

走路动作在动画片中应用广泛，无论是动物还是人，几乎每部三维电影中都有走路的动作，甚至道具也可能是有生命的个体，也会走路。走路是三维动画师在学习运动规律时的一门重要课程，必须掌握并且熟练地应用到三维动画片中。下面来看一些影片镜头中的走路动作，如图 10-15 和图 10-16 所示。

图 10-15

图 10-16

项目小结 《

　　本项目在分析普通走原理的基础上，为《侠岚》动画主角辗迟制作了行走动画。在制作角色行走动画前，要对角色的行走方式及动作进行分析。分析后，以重心的起伏、调整腿部和重心方向、细节动作、手臂摆动、身体方向旋转为重点制作一个循环的动画。动画制作完毕后，应多播放几次，对出错和不自然的地方及时修改。

 实践演练 《

　　1）通过本项目的学习制作普通走路动画。
　　2）要求：
　　①熟练运用本项目所学知识，制作循环走路动画，注意重心的起伏、调整腿部和重心方向、细节动作、手臂摆动、身体方向旋转等。
　　②角色行走动作要自然、流畅。

项目11 分析和制作《侠岚》主要角色辗迟的跑步动作

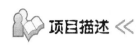

本项目将对动画中基本的普通跑步动画制作进行讲解。跑步动作和走路动作运动相似，它们的区别是，走路时有两只脚同时接触地面的动作，而跑步时有两只脚同时离开地面的动作。

项目分析 《

1）普通跑步动作分析：普通跑可以称为标准跑或基础跑，倾向于正式跑步的物理机械运动，难点和重点是自身整体的物理协调性。普通跑是各种跑步动作中都要遵循的运动标准，也是夸张跑和卡通跑的基础。

2）跑步动画制作：制作普通跑步动画，熟悉运动规律，将运动的动画分析应用到制作中。

3）动画影片中不同的跑步动作：影片中不同的跑步动作之间的最大的区别在于，不单是让这个角色跑起来，而且还要赋予角色个性和状态。

本项目中的具体任务及流程简介见表11-1。

表 11-1 项目 11 任务简介

任务	流程简介
任务 1	分析普通跑步动作
任务 2	跑步动画制作
任务 3	动画影片中不同的跑步动作

注：项目教学及实施建议 40 学时。

知识准备

1）分析普通跑步动作：胯部和肩部的动作的制作难点，调整时一定要注意肩部的跟随，胯部尽量自然，胯部扭动时要注意腿的前后顺序，然后注意臀部的扭动是否自然。

2）动画影片中不同的跑步动作：根据不同角色的个性要求，制作不同的跑步动作，注意调整身体的运动幅度的大小及快慢。

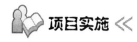 项目实施 《《

任务1 分析普通跑步动作

1）从最重要的角色重心入手，普通跑身体重心的上下变化如图 11-1 所示。

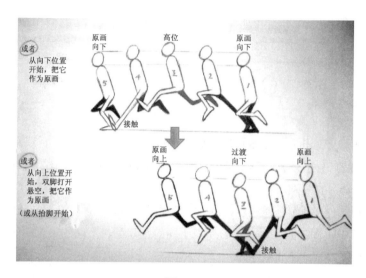

图 11-1

2）跑步是一个循环动作，可以从向下的位置开始，也可以从向上的位置开始，双脚打开悬空。

3）不论从哪个 POSE 开始，连贯起来都能看到身体在跑步的过程中是有高低起伏变化的。

4）当身体腾空，状态转为接触地面的状态时，后脚也跟着着地。角色的重心也随身体下降，来释放上一步的能量，同时为身体的上升做准备，后脚继续蹬地促使身体向前发力，使身体向前移动，以带动前脚和后脚同时离地转为腾空状态，这样就完成了一个身体和腿配合的跑步运动的身体重心转移和基本的腿部运动。

5）身体的旋转和走路动作很相似，为了保持身体的平衡，当胯部发生旋转时，肩部会随之向相反的方向转动，以平衡身体。

6）身体的重心左右偏移和侧旋，当一只脚接触地面时重心会随之偏移到支撑腿上，和走路动作是很相似的。同时，身体会出现侧旋以保持身体的平衡。但跑步时身体重心转移的幅度是小于走路的。

7）手臂的动作在跑步时应跟随腿部的动作，手臂也会机械性地摆动来平衡身体，当右脚在前时左手会摆到身体前方，反过来也是一样的。需要注意的是，在跑步时肩膀的锁骨位置会有适度的旋转。

8）跑步有快跑也有慢跑等，没有一个标准概念来评定多少时间内是跑，多少时间内不是跑，这样的概念也不会有，主要靠个人的感觉和理解力。

9）身体跑动时的运动幅度和故事的发展是衡量跑步速度快慢的重要因素。

任务 2 跑步动画制作

跑步动作的制作步骤如下：

1）打开需要的绑定角色辗迟，文件打开以后查看文件是否可用。测试很简单，选择角色的各部位控制和控制器上的自定义属性，调一调看看是否好用，确定没问题后进行动画制作。

2）检查完毕后把 Maya 的时间线调整到 24fps 的播放速度，单击 Save 按钮进行保存，如图 11-2 所示。

3）将界面的显示选择为只显示模型、控制器线和 NURBS 曲面模型。将自动记录关键帧打开，再将选择到模型的快捷图标单击为不可选状态，以防止全选控制器时选到模型，如图 11-3~图 11-5 所示

制作前看一下真人实拍的跑步关键帧效果图，如图 11-6 所示。

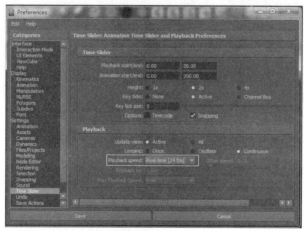

图 11-2

图 11-3

图 11-4

图 11-5

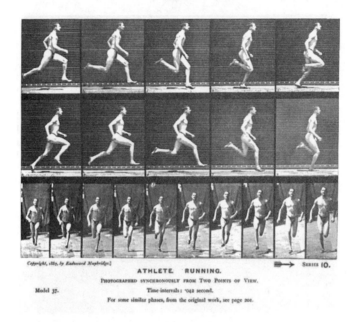

图 11-6

跑步动画的制作以图 11-6 作为参考，但这里制作的是普通跑步，所以在动作幅度上会比当前图片的关键帧小一些，但是运动原理是一样的。

4）制作人物的第一个 POSE，如图 11-7 所示。

5）调整步距，确定先迈哪只脚，具体调整参考侧视图效果，如图 11-8 所示。

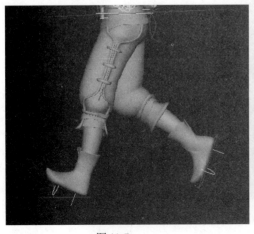

图 11-7

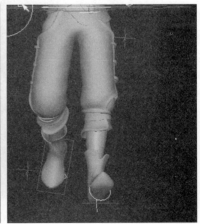

图 11-8

6）在正视图中对腿部进行调整。角色是一个男性，摆 POSE 时要让他具有一些男性特征，对脚部位要增加一些外八字的效果，膝盖和脚都要选择到同一个方向，脚和膝盖不要向反方向扭曲，具体调整效果参考正视图效果，如图 11-9 所示。

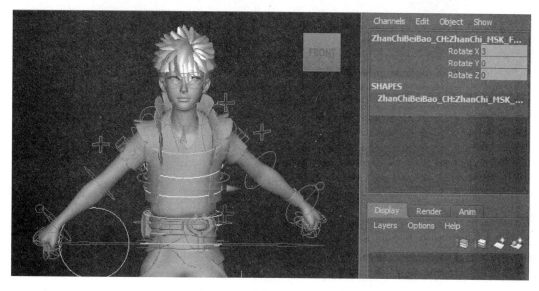

图 11-9

7）调整人物身体。将身体旋转一下，具体的旋转度数根据个人感觉来定，不要把动画数值化，调整时只管动作的美观和舒适度以及合理性即可，不用将数值原原本本地照做或凑整数。腰部旋转的方向是向前迈步时腿的反方向，注意不要顺拐。身体要向前小幅地倾斜一下，给人以一种向前发力的感觉，身体不要是垂直的，如图 11-10 所示。

8）根据腿部运动的幅度将手臂的摆动动作调整一下，具体参考正视图效果，如图 11-11 所示。

图 11-10

图 11-11

9）不要随便地将手调成一个握拳的姿势，需要注意的是一个手部的立体感，手指头握在一起时要有高有低，这样在正视图和侧视图中看起来会很有立体感，也更真实，具体参考正视图和侧视图效果，如图 11-12 和图 11-13 所示。

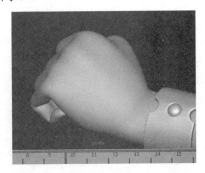

图 11-12 图 11-13

10）腿部、腰部和手臂调整完成后会发现角色的头部有些歪，将头部调正，头抬起来，视线要看着前方，调节效果参考正视图和侧视图，如图 11-14 和图 11-15 所示。

11）第一个 POSE 摆完后全选所有控制器并在第 0 帧设置一个关键帧，在第 10 帧和第 20 帧分别设置关键帧，然后将第 10 帧的左右脚身体的旋转和头部的旋转对调复制，如图 11-16~图 11-19 所示。

12）旋转左脚，在第 10 帧进行复制。在第 10 帧处选择右脚，粘贴关键帧，实现左右脚动画对调的效果，手臂也是同样的方法进行复制、粘贴。身体和头部的选择合在第 10 帧处，将正数修改为负数，负数修改为正数，即可实现反方向的运动。复制结束后全选控制器，打开曲线编辑器，如图 11-20~图 11-22 所示。

13）在曲线编辑器中全选动画曲线，选择平直工具单击鼠标左键，平直后观察第 0~第 10 帧和第 10~第 20 帧的动画效果是否一致，若一致则达到期望效果。此时，3 个基本的大 POSE 确定完成，下面可以进行关键帧的添加了，如图 11-23 所示。

图 11-14

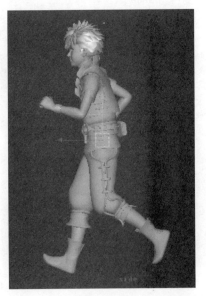

图 11-15 图 11-16

图 11-17　　　　　　　　图 11-18

图 11-19

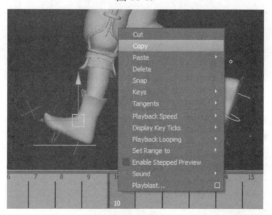

图 11-20

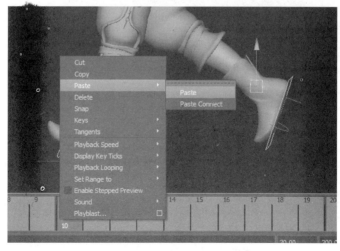

图 11-21

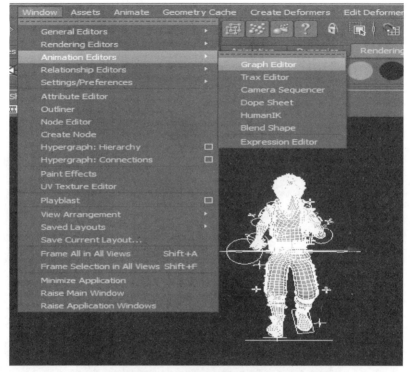

图 11-22

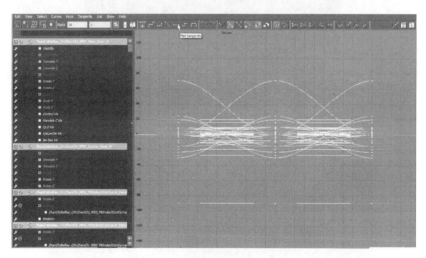

图 11-23

14）在第 1 帧和第 10 帧中间添加一个前脚落地帧。选择第 5 帧的前脚，将前脚调成全脚掌着地的 POSE，不要调成后脚，是第 1 帧向前跨步的脚在第 5 帧的位置着地。着地的位置处在身体的位置重心，不要让身体有站不稳的感觉，正视图同样要注意两只脚的小幅度外八字效果。第 1 帧的后腿在第 5 帧的位置要表现出身体的连动性。将脚向后拉一点，让后腿产生一个抬脚收腿的效果，不要有向前跨步的效果。两只脚调整完毕后选择身体的主控制器，让身体向下轻微地蹲，这样就有了脚先着地，身体后跟随向下的运动了，如图 11-24 所示。

15）手臂的调整相对简单。走路的手臂需要表现柔软的状态，而跑步时手臂应表现的僵硬一些，这样看起来更有力量感。需要注意的是，在第 5 帧的位置，前面的手臂向后摆动要表现出惯性的效果，不要向后摆动过大，可以让大臂和地面垂直，这样在第 5~第 10 帧时会有一个用力的摆臂动作，如图 11-25 所示。

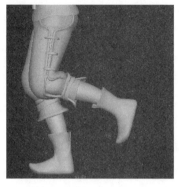
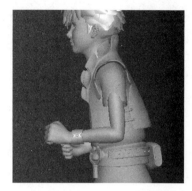

图 11-24　　　　　　　　　图 11-25

16）注意手臂在正视图中的效果，手臂夹紧，离身体近一些，不要抬很高，如图 11-26 所示。

17）调整人物身体，在第 5 帧时有一个身体的重心转移，身体要向落地的脚移动倾斜，注意幅度不要太大，太大会有身体左右晃的效果，只需在播放时能看到身体有左右的运动即可。

18）整体修饰第 5 帧过渡关键帧，保证动作的美观和合理性。第 15 帧也是一样的制作方式，这里不再重复讲解，如图 11-27 和图 11-28 所示。

19）继续添加关键帧，如图 11-29 所示。

图 11-26

图 11-27　　　　　　　　　图 11-28

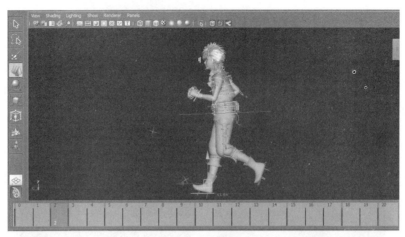

图 11-29

20）加帧保持动画的合理性。若第 1~5 帧脚才着地，那么估计人已经摔倒了，所以需要让脚迅速落地。在第 2 帧的位置上让前脚着地，脚着地前，腿部是直的。脚跟着地后的第 3 帧让全脚掌着地，这样迅速地落地可以增加跑步的节奏和动感，如图 11-30 所示。

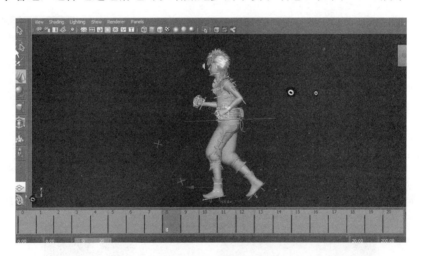

图 11-30

21）第 5~第 10 帧的重点是后脚的表现，前脚着地稳住身体后，身体向前移动，后脚向前跨步，身体向前移动后，后腿配合身体动作再跟随向前，如果这个地方不加帧，则看起来就是整条腿在同时移动，这种效果是不对的。因此，需要把腿的运动分成 3 个部分，即脚、小腿和大腿。在第 8 帧设置关键帧，大腿向前调整，小腿和地面垂直，脚腕旋转度加大，拉动第 5~第 8 帧，查看效果，是否有大腿运动很明显地带动小腿和脚的感觉，要感觉到大腿发力，小腿和脚是跟随性的惯性运动。第 8~第 10 帧大腿向前迈步，将大腿先向前移动，第 8~第 10 帧比较明显的效果应该是小腿和脚向前甩。

22）第 10~第 20 帧是同样的制作方法，如图 11-31 所示。

23）前脚着地后要支撑地面，添加关键帧让腿有支撑身体的动作，如图 11-32 所示。

24）腿部制作完成后，对腰部添加细节动画。第 1 帧时身体整体有一个向前倾的状态，身体呈现一个轻微的 C 型，如图 11-33 所示。

25）第 3 帧脚着地时，身体从 C 型过渡变形，让他直挺起来一些，但身体还要维持整体前倾的状态，制作方法就是不要动腰部控制器的选择，只旋转上面两个控制器，如图 11-34 所示。

图 11-31

图 11-32

图 11-33

图 11-34

26）第 8 帧的身体呈现直挺向 C 型过渡的效果。

27）恢复到第 0 帧的效果，第 10~第 20 帧效果也是一样的。

28）调整完成后，播放动画，查看一下身体的动作过渡，这里需要注意的是避免身体的抖动，造成抖动的原因是 C 型和直挺起来的身体过渡变化的时间短，但是形体变化大，因此产生抖动，只要适当地调小动作即可。

29）身体调整完成后调整头部的运动，如图 11-35 和图 11-36 所示。

30）第 0 帧的 POSE，眼睛是平视前方的，在第 3 帧时身体直挺起来，头部也会抬起来，这时把头部低下，让其保持和第 0 帧一样的状态，单击播放，运动时不要有头部摇晃、颠簸的效果，头部一定要稳。

31）身体和头部调整完成后为手臂添加细节动画。跑步时的手臂不像走路时可以表现为物体跟随的效果，跑步时手臂是发力状态，若不添加效果手臂会显得很僵硬，也不能把手臂做得柔弱无力，否则无法表现手臂的力量感。

图 11-35

图 11-36

32）手臂发力的 POSE 展现。手要握成拳头，手肘弯曲不动，只有大臂来回摆动。为大臂的运动添加关键帧，让其显得更有力气，如图 11-37 所示。

33）初始 POSE 的肩膀不变，如图 11-38 所示。

图 11-37

图 11-38

34）第 3 帧时脚着地，身体直挺，这里可以给手臂添加一些小效果。此时前面手臂的动作是收手臂然后向后摆动，可以让其有慢半拍的效果。选择锁骨控制器让手臂向上旋转一些。当身体向下时手臂是向上的，运动时就会看到这样的效果：身体向下，手臂停滞了一下才跟着落下，这样慢半拍的效果就制作完成了，如图 11-39 所示。

35）后边的手臂此时的动作是收手臂然后向前摆臂，这里设置为不让其反方向向上，相反需要展现手臂的力量感，因此在第 3 帧身体向下时选择锁骨控制器，让手臂向下，这样即可得到一个更加用力摆臂的效果，如图 11-40~图 11-42 所示。

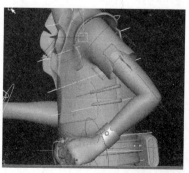

图 11-39

图 11-40

| 图 11-41 | 图 11-42 |

36）注意在正视图中跑步时，手臂不要有抖动和转圈，动作要流畅，如果有一卡一卡的效果则需要调整关键帧 POSE。

37）身体的各个部位都确定没有问题后进行动画的整体修整。为了方便调整动画，先执行清楚静态通道命令，删除无用的关键帧曲线，如图 11-43 所示。

38）打开曲线编辑器，将曲线调节流畅，同时打开显示动画循环线，如图 11-44 所示。

39）曲线调整完成后，全选所有的动画曲线，执行向后循环命令，到此一个普通的原地跑步动画就制作完成了，如图 11-45 所示。

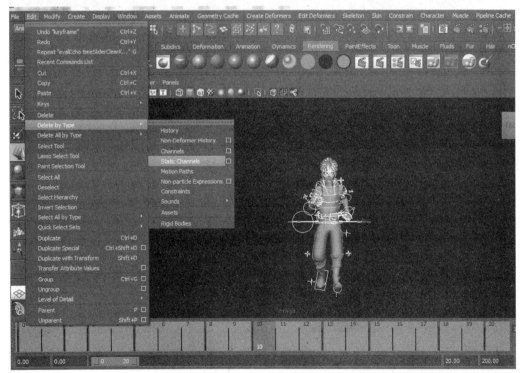

图 11-43

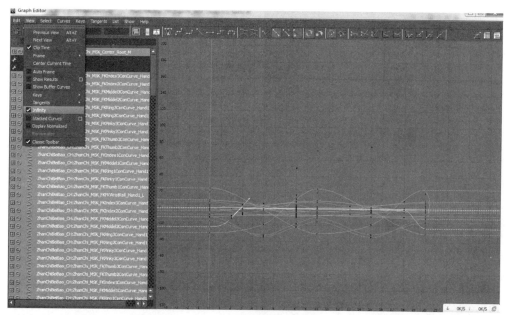

图 11-44

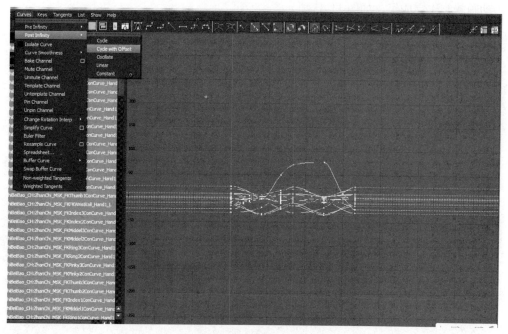

图 11-45

任务3 动画影片中不同的跑步动作

1）普通跑步和动画影片中跑步动作的区别：普通跑步就是人跑动时所产生的物理机械运动，而影片中的跑步，不单是让这个角色跑起来，而是要赋予其个性和状态。

2）个性就是个人的特点。影片中不同性格的角色，其行为举止也会有所不同，如英雄跑起来要显得威风凛凛，因此这是英雄的个性。在动画影片中，不同人的不同个性除了对于角色的定位，其动作也要有一个适当的定位去表现。

3）状态。想象一下眼前的场景，男主角被人追杀，这时在动画中赋予其一个标准跑，那么影片的紧张感就没有了。再试想一下，男主角考了班级的第一名，拿着成绩单兴奋地跑回家，此时赋予其一个标准跑，那么主角快乐、兴奋的感觉就没有了。所以，影片中的跑其实还是基础跑，但是要在这个基础上增加一些角色的个性和状态，让角色跑起来更加生动、形象、有趣。如果能做到这些，那么动画影片中的跑步动作就是成功的，这需要有很好的标准跑基础和丰富的生活经验以及平时的细心观察。

项目小结 ≪

本项目在分析普通跑原理的基础上，为《侠岚》动画主角辗迟制作了角色跑步动画。通过本项目的学习，可以制作出符合人体运动原理的跑步动画。在制作角色跑步动画前，应对绑定角色进行检查和测试。动画制作完毕后，应多播放几次进行检查，对出错和不自然的地方及时改正。

实践演练 ≪

1）选定角色，为其制作普通跑动画。
2）要求：
①熟练运用本项目所学知识，制作动画，重点是重心的起伏、重心方向和细节动作。
②角色跑步时，腿部和手臂姿势要协调。

项目 **12** 分析和制作角色跳跃动作

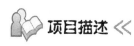 **项目描述** ≪

　　本项目将对动画中基本的跳跃动作动画制作进行讲解。本项目通过学习跳跃的运动规律，了解人物在起跳前后的蓄力情况、发力起跳的方法、落地的重心稳定，以及下落后动作稳定的调整，然后制作出跳跃的动画。

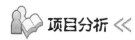 **项目分析** ≪

　　1）分析跳跃的规律：跳跃动作主要分为起始动作、起始动作重心的调整、跳跃动作、跳跃动作重心的调整、落地动作、落地后重心的调整。

　　2）跳跃动作的调试和制作：通过了解跳跃的规律，对起跳前姿势、空中姿势及落地后的姿势制作动画并调试。

　　本项目中的具体任务及流程简介见表 12-1。

表 12-1　项目 12 任务简介

任务	流程简介
任务 1	分析跳跃的规律
任务 2	跳跃动作的调试和制作

　　注：项目教学及实施建议 32 学时。

 知识准备

　　1）分析跳跃的规律：多观察人体跳跃的动作，对动画原理和运动规律的资料认真研究。

　　2）跳跃动作的调试和制作：在制作动画前对模型的绑定进行调试，检查是否有穿帮和错误，然后开始跳跃动画的制作。

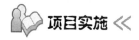 **项目实施** ≪

任务 **1** 分析跳跃的规律

　　1）如图 12-1 所示，序号 1~12 是一组连贯的跳跃动作。

　　2）序号 1 是准备姿势，手臂抬起，眼睛注视落点，重心向上。

　　3）序号 2 是手臂向后摆动，腿开始弯曲。

　　4）序号 3 是手臂向后摆动到极限，腿继续弯曲，头向前看。

5）序号 4 是重心向下到最低点，手臂开始向前摆动，脚跟抬起。在此 POSE 中身体开始向前、向上运动。

图 12-1

6）序号 5 是腿部向前蹬，身体向前。

7）序号 6，整个身体向前伸展达到极限，而此时脚还没有离开地面。

8）序号 7 是身体由于蹬力继续向前运动，脚离开地面。

9）序号 8~10 是身体下落的过程。当脚部刚接触地面时由于惯性的原因，重心向下且身体挤压到极点。

10）序号 11 和序号 12 是身体释放压力的过程，也是一个缓冲过程。

任务 2　跳跃动作的调试和制作

跳跃动作的调试和制作步骤如下：

1）运行 Maya，打开角色文件，如图 12-2 所示。

2）从侧视图开始调试，如图 12-3 所示。

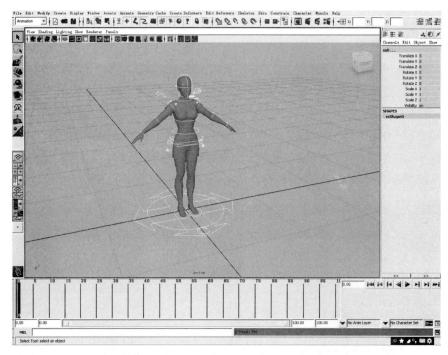

图 12-2

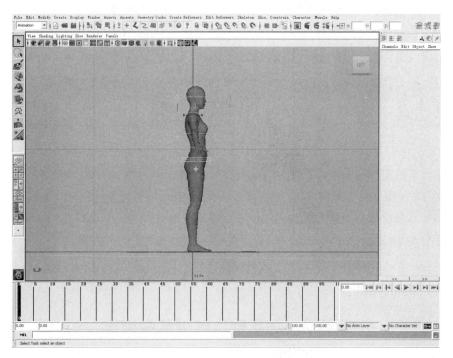

图 12-3

3）从腰部开始，在第 30 帧的位置，将腰部向下，将 X 轴向前旋转，如图 12-4 所示。

4）在第 40 帧的位置时，将腰部向前、向上抬起，如图 12-5 所示。

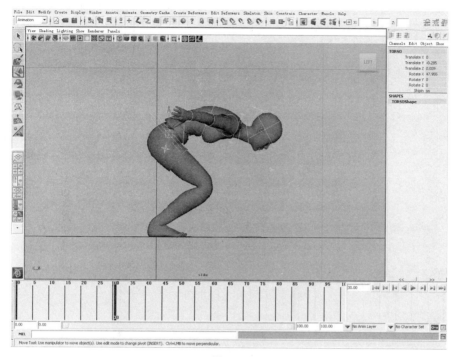

图 12-4

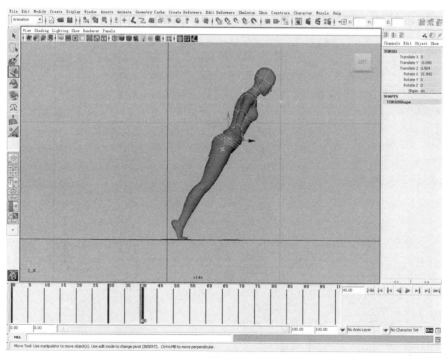

图 12-5

5）如图 12-6 所示，此时要注意脚部的变化，脚跟基本全部离开地面，只有脚尖与地面接触。

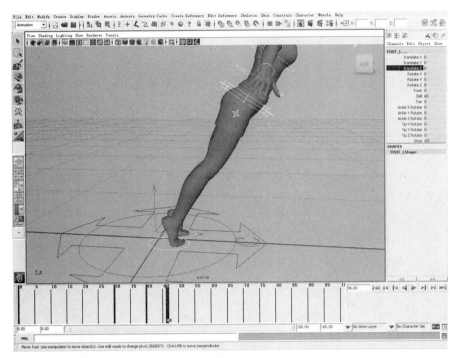

图 12-6

6）在第 48 帧时，选择腰部控制器和脚部控制器，同时向前移动一段距离，视这段距离为跳跃的距离，如图 12-7 所示。

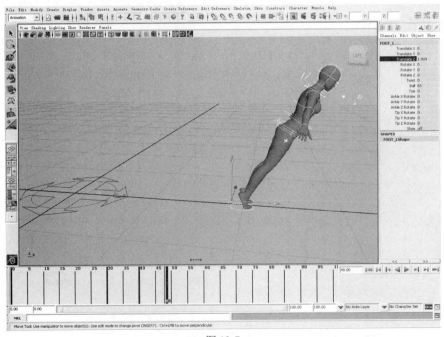

图 12-7

7）如图 12-8 所示，将脚掌全部接触地面，腰部向下，躯干部分向前旋转。

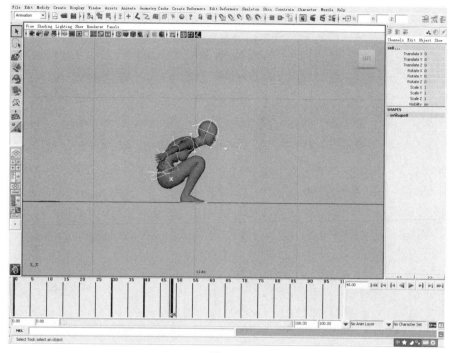

图 12-8

8）在第 70 帧的位置，将腰部抬起，如图 12-9 所示。

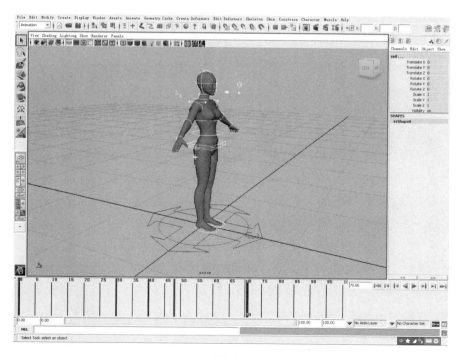

图 12-9

9）打开曲线编辑器，观察 Z 轴移动的变化，如图 12-10 所示。

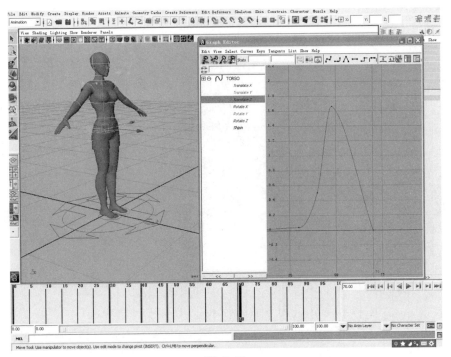

图 12-10

10) 如图 12-11 所示，这是将第 70 帧上的 Z 轴移动值向上移动到和第 48 帧平行的位置。

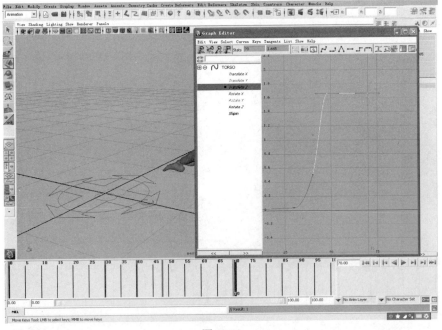

图 12-11

11) 选择脚部控制器，如图 12-12 所示。

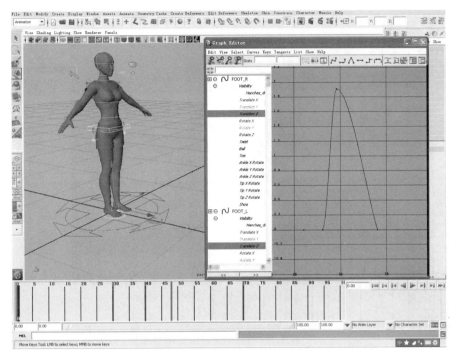

图 12-12

12）用同样的方法，将脚部控制器移到与第 48 帧平行的位置，如图 12-13 所示。

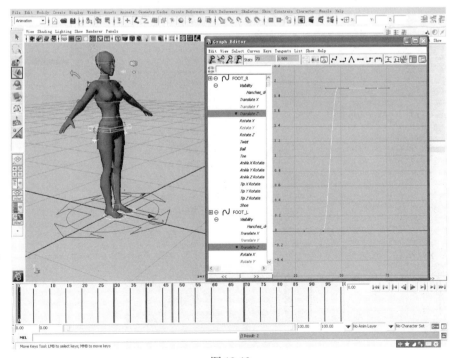

图 12-13

13）如图 12-14 所示，此时观察侧视图，腰部稍微有些向后。

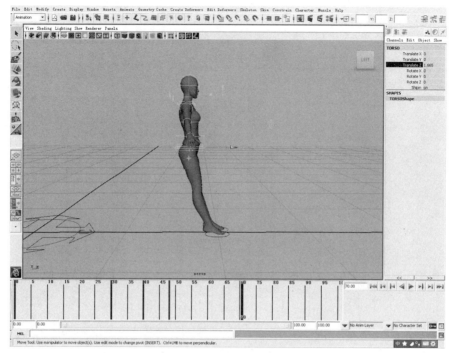

图 12-14

14）如图 12-15 所示，将腰部向前移动到相应位置。

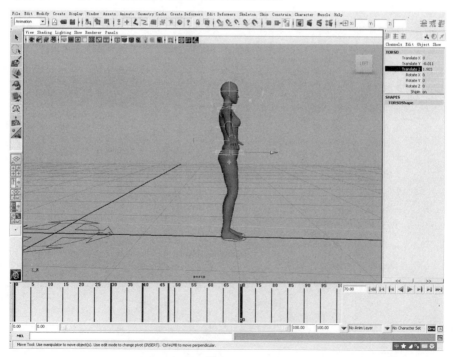

图 12-15

15）选择腰部和脚部控制器，如图 12-16 所示。

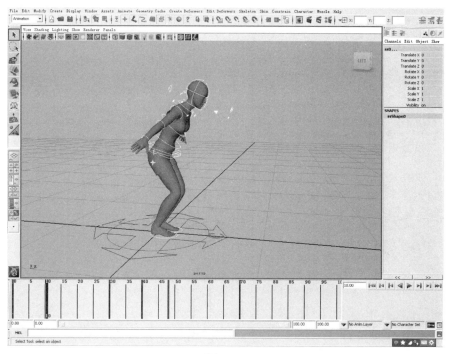

图 12-16

16）在第 10 帧的位置时记录关键帧，如图 12-17 所示。

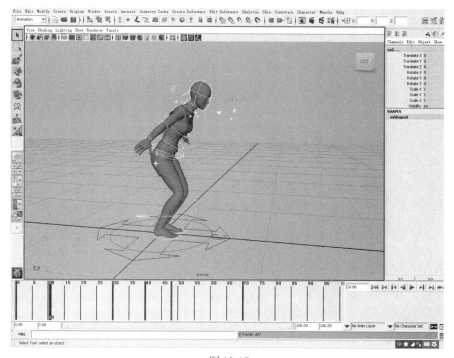

图 12-17

17）将动画移动到第 25 帧的位置，如图 12-18 所示。

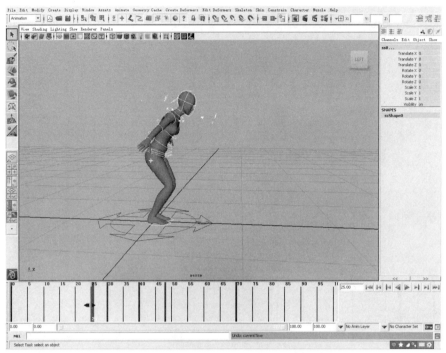

图 12-18

18）将第 25 帧和第 30 帧一起选中，然后向后移动 5 帧的距离，如图 12-19 所示，。

图 12-19

19）选中脚部控制器和腰部控制器，将两头的曲线打平，并将中间的曲线修整平滑，如

图 12-20 所示。

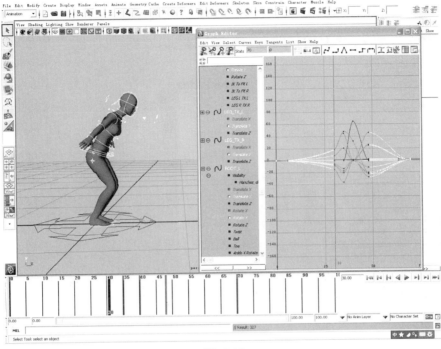

图 12-20

20）在第 80 帧时选择腰部控制器和脚部控制器，如图 12-21 所示。

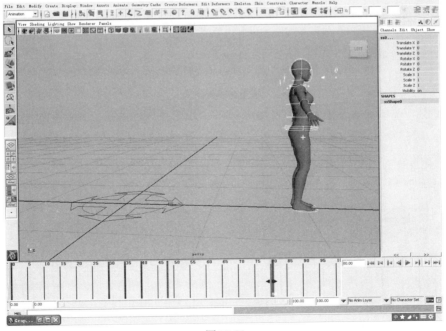

图 12-21

21）如图 12-22 所示，观察腰部、Y 轴、移动轴向上的变化，调整 Y 轴的起伏变化。

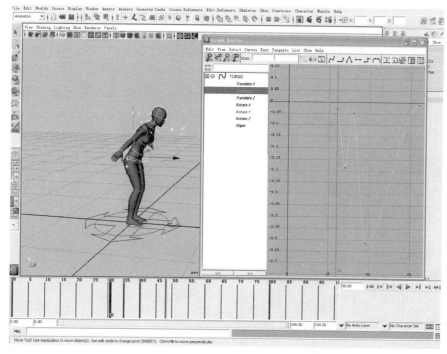

图 12-22

22）如图 12-23 所示，观察 Z 轴的变化并修整曲线。

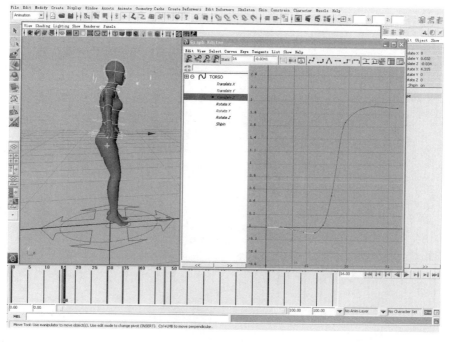

图 12-23

23）如图 12-24 所示，这里要注意靠近头部的躯干控制器在第 15 帧时 X 轴的调整。

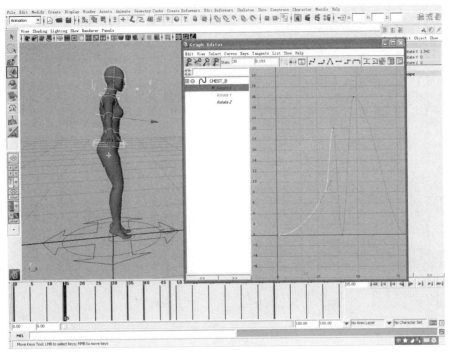

图 12-24

24）将头部向前旋转，如图 12-25 所示。

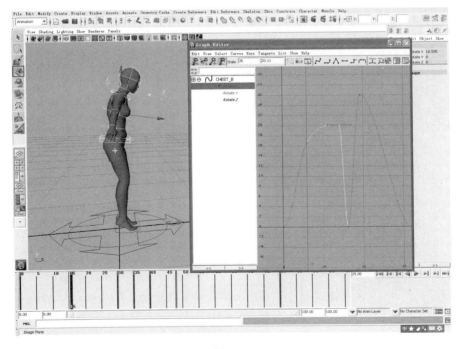

图 12-25

25）选中头部控制器，向后稍微旋转一下，如图 12-26 所示。

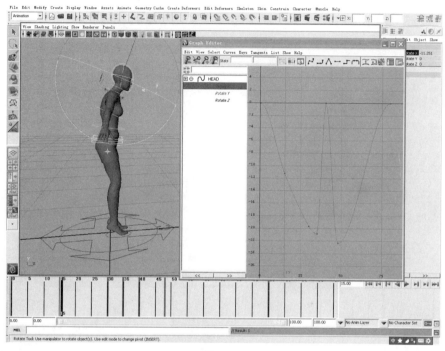

图 12-26

26）在第 44 帧时，选中脚部控制器和腰部控制器，在曲线编辑器中将 Y 轴集体向上调，如图 12-27 所示，。

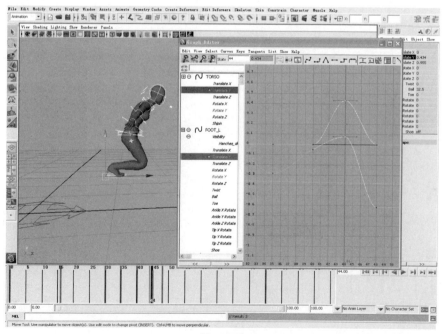

图 12-27

27）在第 44 帧时，修整 Z 轴的曲线，如图 12-28 所示，。

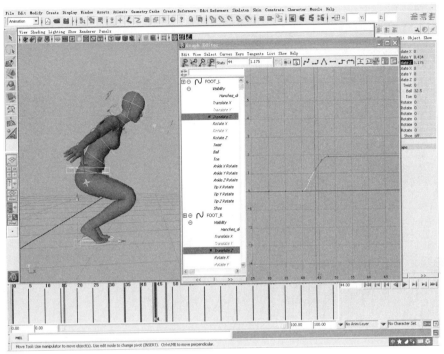

图 12-28

28）此时注意脚部的变化，如图 12-29 所示。

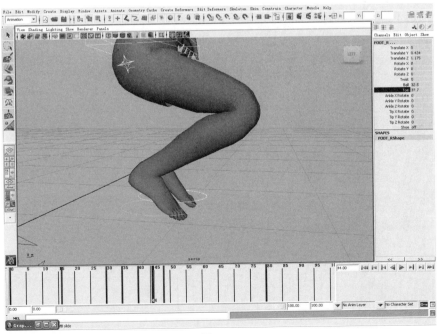

图 12-29

29）在第 42 帧时将脚部的高度向上提起，如图 12-30 所示。

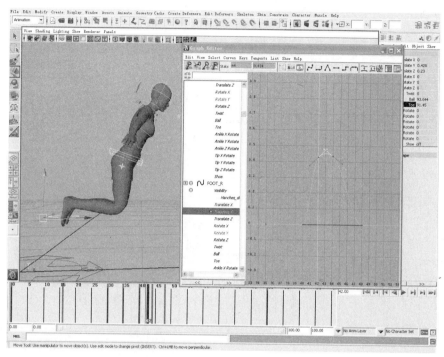

图 12-30

30）在第 47 帧时将 Z 轴向前移动，与第 50 帧相同，如图 12-31 所示。

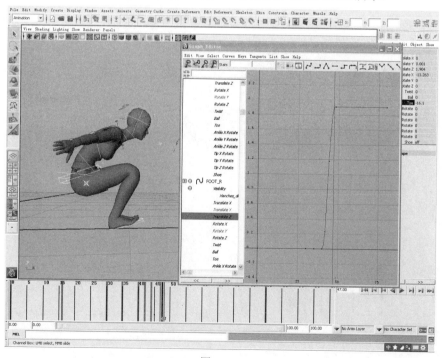

图 12-31

31）如图 12-32 所示，此时观察躯干的变化。由于跳起的一瞬间身体向后幅度较大，所以选中躯干的两个控制器，将 X 轴在第 42 帧时向后旋转至最大值。

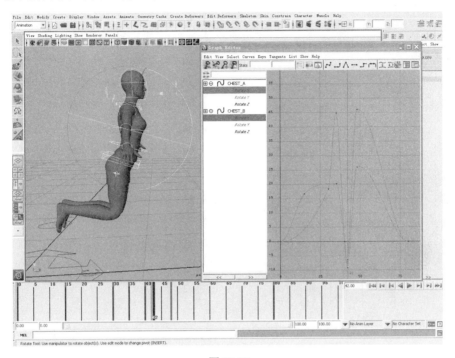

图 12-32

32）在第 63 帧时选择腰部控制器，将 Y 轴略微向上提，如图 12-33 所示。

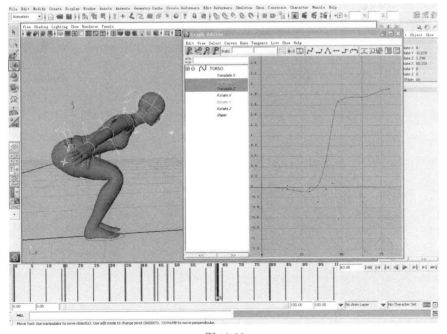

图 12-33

33）选中所有控制器，在第 90 帧时记录关键帧，如图 12-34 所示。

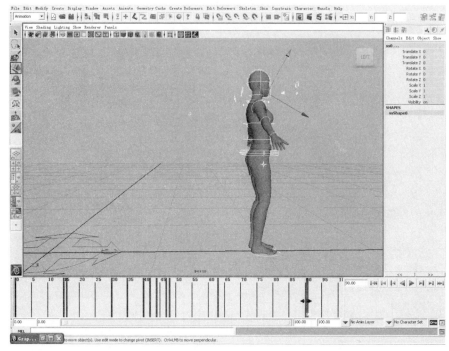

图 12-34

34）将脚部控制器在第 70 帧时的 Ball 值设置为 0，如图 12-35 所示。

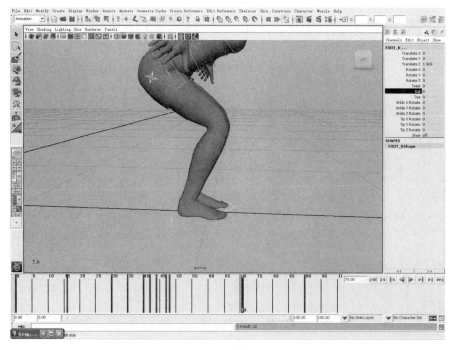

图 12-35

35）将脚部控制器在第 58 帧时的 Ball 值设置为 21.6，如图 12-36 所示。

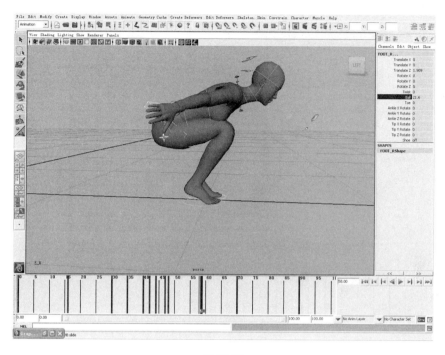

图 12-36

36）在第 50 帧时将角色腰部向下，如图 12-37 所示，。

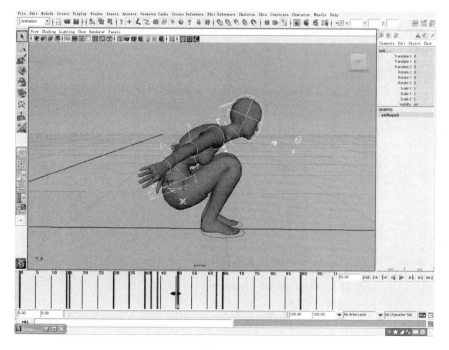

图 12-37

37）在第 75 帧时选择躯干靠近头部的控制器，将其 X 轴向后旋转，如图 12-38 所示。

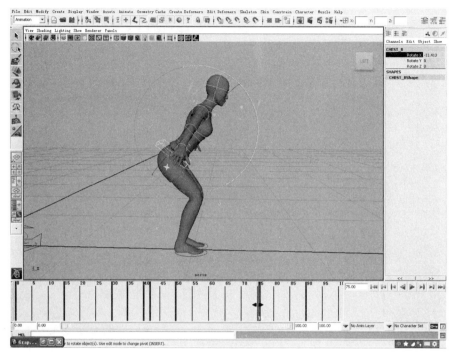

图 12-38

38）如图 12-39 所示，对手臂进行调整。在第 0 帧的位置将人物调整为图中的 POSE。

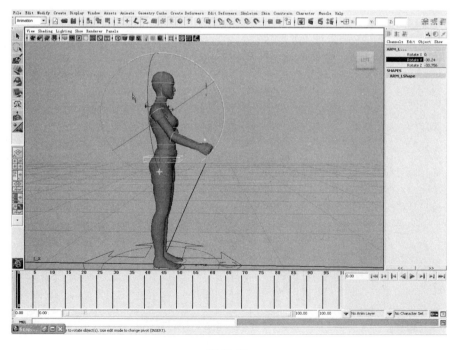

图 12-39

39）在第 52 帧时将手臂向后伸直，如图 12-40 所示。

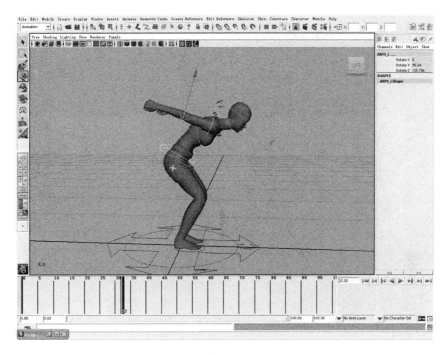

图 12-40

40）在第 15 帧时大臂向下，小臂略微向前弯曲，如图 12-41 所示。

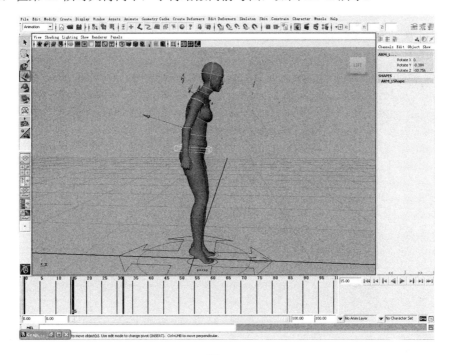

图 12-41

41）将动画向前移动至第 5 帧的位置，如图 12-42 所示。

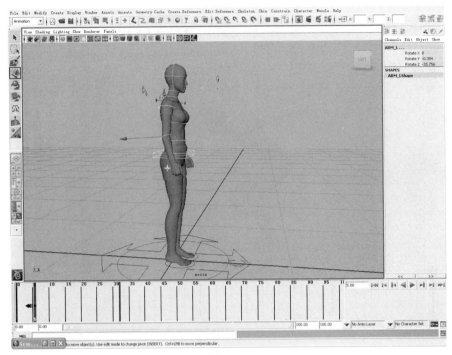

图 12-42

42）打开曲线编辑器，观察曲线的走向，如图 12-43 所示。

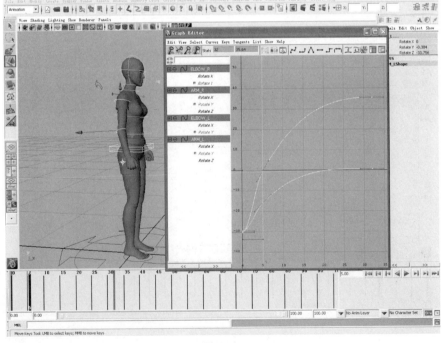

图 12-43

43）在第 40 帧时将手臂向前上方伸直，如图 12-44 所示。

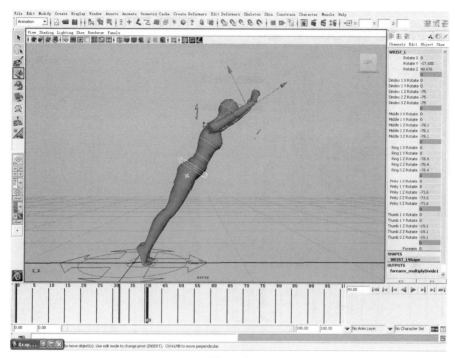

图 12-44

44）在第 28 帧时手臂向后运动，摆动速度逐渐变慢，如图 12-45 所示。

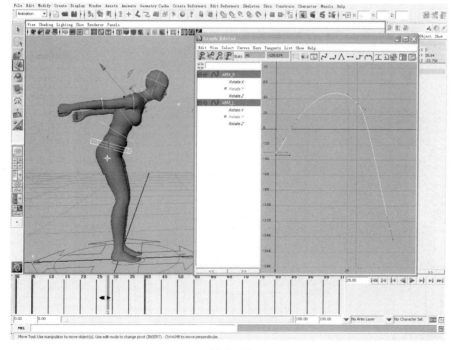

图 12-45

45）如图 12-46 所示，当身体下蹲到最低点时，手臂向后摆动到最大值。

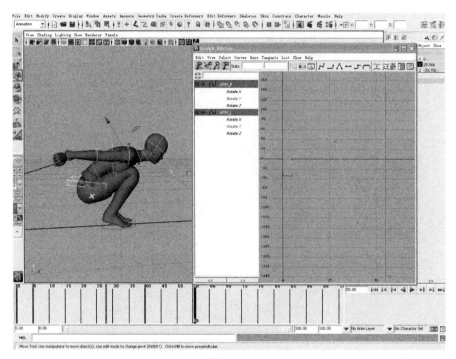

图 12-46

46）在第 90 帧时，人物跳跃动作完成，如图 12-47 所示。

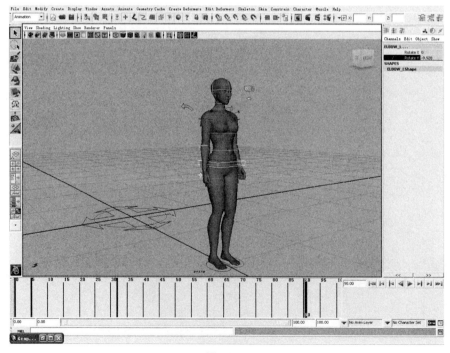

图 12-47

47）如图 12-48 所示，观察曲线编辑器中 Y 轴和 Z 轴的变化，可以发现手臂向后运动逐渐变慢，然后达到最大值。

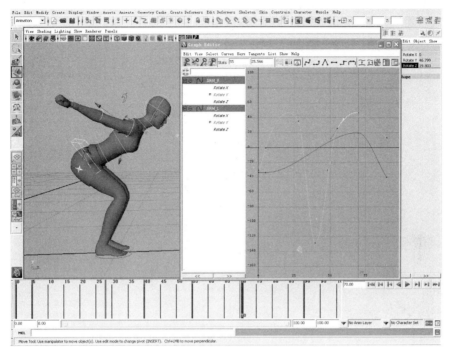

图 12-48

48）第 47 帧时是脚部刚着地的一瞬间，手臂向前旋转，如图 12-49 所示。

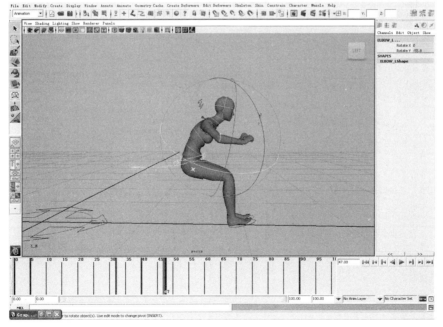

图 12-49

49）在第 70 帧时，身体躯干部分向前倾斜，手臂向后，如图 12-50 所示。

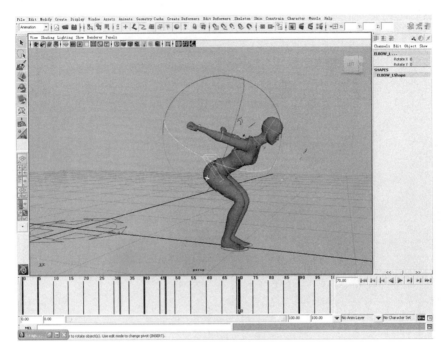

图 12-50

50）在第 55 帧时脚尖着地，身体下蹲，手臂向后运动，如图 12-51 所示。这个 POSE 很关键，能充分地体现出身体的重量感。

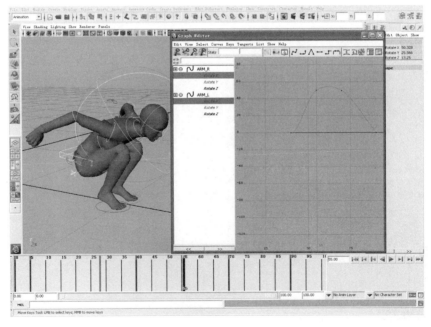

图 12-51

51）在第 40 帧时，身体向上运动，头部向下旋转，如图 12-52 所示。

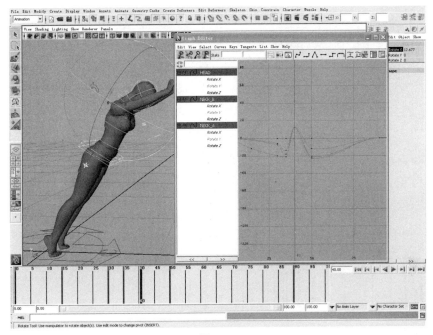

图 12-52

52）在第 66 帧时，身体落地，头部和颈部的 X 轴控制器向后旋转，如图 12-53 所示。

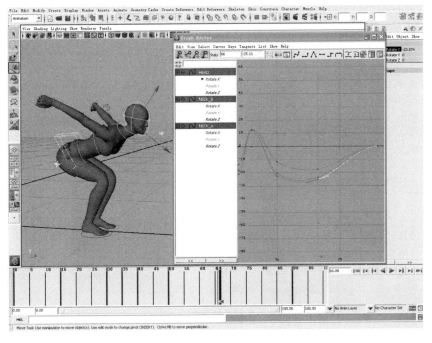

图 12-53

53）在第 35 帧时，将脚部的控制器的 Twist 设为-3.3，如图 12-54 所示。

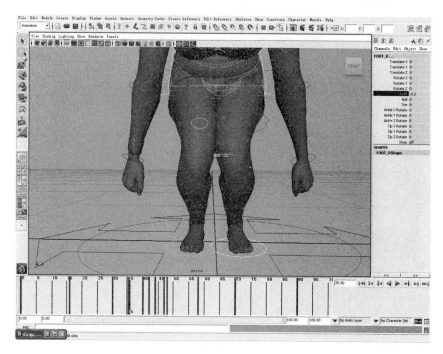

图 12-54

54）在第 70 帧时，再注意一下脚部控制器 Twist 的调试，将 Twist 设为 4.5。这样可以保证当角色落地的时候，通过控制器使膝盖保持与脚尖的方向一致，同时保证脚掌与地面平行，如图 12-55 所示。

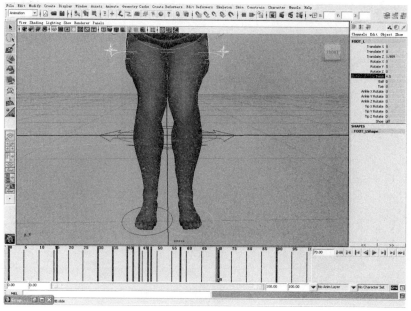

图 12-55

55）选择左臂上的所有控制器。然后选中第 5~第 70 帧的关键帧，如图 12-56 所示。

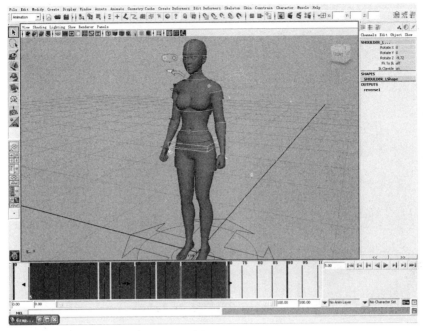

图 12-56

56）将选中的第 5~第 70 帧向后移动 3 帧，使两个手臂的运动过程尽量不要一起，如图 12-57 所示。

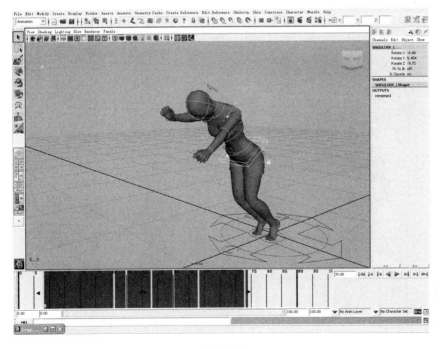

图 12-57

57）在第 35 帧时，将准备跳跃的两个手臂的运动尽量保持一致，如图 12-58 所示。

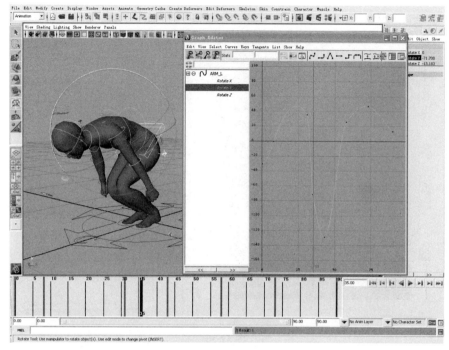

图 12-58

58）在落地的一瞬间，即在第 49 帧的位置上，使两只手臂的运动尽量达到一致，但 POSE 不同，如图 12-59 所示。

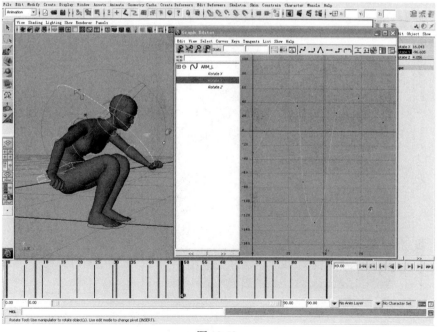

图 12-59

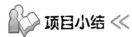 项目小结 《

　　本项目制作了符合人体运动原理的跳跃动画。应用本项目所学的跳跃规律，制作跳跃动画。动画制作完成后，应多进行检查，对动作不流畅、不自然的地方及时进行修改和调整。制作动画时应注意跳跃准备姿势、起跳时手臂及腿的动作调整、空中手臂和腿以及身体的动作调整、落地时重心的方向。

 实践演练 《

　　1）利用本项目所学知识，制作并调试跳跃动作。
　　2）要求：
　　①熟练运用本项目所学知识，制作跳跃动画，注意重心的变化，动作要自然、流畅。
　　②整体跳跃动作，要与现实中的动作相仿。